大地上的生灵

罗张琴 著

长江出版传媒 ｜ 长江文艺出版社

目 录

| 辑一：童年虫兽

蛙声隐隐

云天收夏色，木叶动秋声。一场雨过后，天渐转凉，南昌城里，秋的脚步，已然"沙沙"作响。

秋日闲暇，适合看画，尤其适合看水墨中国画。两壁山涧如墨，涧中清水如奔，数只蝌蚪嬉戏，十里蛙声隐隐……《蛙声十里出山泉》是齐白石先生最优秀的代表作之一，轴卷间，见大境界。其来历也颇浪漫：作家老舍爱画，尤喜齐白石先生画作，素爱藏之，齐老 91 岁那年，他又上门求画，与以往不同的是，这年求出了新意，即他以诗句为题，由齐老"依题"完成。

"手摘红樱拜美人""红莲礼白莲""芭蕉叶卷抱秋花""几树寒梅映雪红"，第一次，老舍给出曼殊禅师的四句诗。齐老一看，点头微笑，不难嘛，诗中暗含春夏秋冬，合在一起正好是一年四季的花卉配诗画。

到了夏天，老舍再次以四句诗求画，其中，最难一句当属查慎行的"蛙声十里出山泉"。如何表现"山泉十里"有"起伏蛙声"，齐老可是足足思考了三天，才寻得灵感。灰色蝌蚪是绿色青蛙的孩子，黑色蝌蚪长大会变成蛤蟆，试问，哪个贪玩孩子的身后少得了来自父母

小小歌唱家

夏天的雨后，当你在池塘边漫步的时候，会听到青蛙"呱呱、呱呱"此起彼伏的叫声，汇成一片大合唱，很远都能听到。青蛙嘴边有个鼓鼓囊囊的东西，叫声囊，声囊能产生共鸣，使蛙发出的"歌声"雄伟洪亮，远传十里。

的千叮万嘱？

　　作为两栖动物，青蛙是最早离水上岸的生物，其上岸时间大概可追溯到三亿年前。大体是生存环境面临极大挑战的石炭纪，气候变得干燥，沼泽地大大减少，为了适应陆地生活，青蛙不断进行自我进化：生出羊膜卵；眼睛变得大大的，视野极其广泛，并对活动物体非常敏感；有倒生的、灵巧的舌头和又长又健的后肢。物竞天择，适者生存。蛙实在是很能吃苦的一族，世界上 5000 多种青蛙和蟾蜍，到哪都能生存，似乎没有哪种极端环境能难倒它们。

　　又长又健的后肢，使青蛙具有跳跃本领，有些高度可达身长的 55 倍之多。我在网上浏览到一则青蛙捕食的视频，那跳跃真使人着迷，捕食之后，它顺荷梗而下的样子，冷静又酷炫，多像是一个风姿秀逸、气质出众的舞蹈演员呀。

　　青蛙以虫为主食。冬天，虫子太少，青蛙饱餐一顿后，开始了漫长又无欲无求的冬眠生涯。我不止一次，在水草丰茂的湿地，撞见过青蛙提前走进冬天的场景：尾部向下，头朝上，懒散而又机警地，由屁股发力，将身体一铲一铲地往沙里坠。不是加速度的"坠"，是一

点一点地往下挪。我无法确定青蛙是否提前挖好了沙洞，也不知道它是以怎样的方式完成挖洞的，我只知道，它就这么一点接一点地将自己慢慢没入了沙土里。

惊蛰一过，天，暖和起来。"咕呱""咕咕呱""咕呱咕呱""咕咕咕呱"，频率不一的蛙声随溪水涨起，渐渐，漫过童年的整个原野山乡。潮湿而又充满生机的蛙声，让山峦更显静默雄浑，让溪流更添欢欣清澈，田园收获的希望，在乡人心里变得无比丰厚。说蛙声是农耕文明的一个别致鼓点，一点也不过分。不过，在雌蛙的耳朵里，"咕呱"之音哪里是什么鼓点呀——从来都是雄蛙向她们发出的求爱宣言。爱的宣言，庄重绵延，宛如漆黑长夜里望之心安的灯塔之光。雌蛙循"光"而动，从冬眠的洞穴里一跃而出。

　　家乡老屋的后边是水塘，东边是南山岭，南山岭再往东，是大片大片的水稻田。稻田之间，有座山，山里有个桃树坑，一到春天，满山遍野，桃红李白。一条不知名的十里长溪绕山脚而过，浇灌稻田绿油油的成色，也滋养了我整个童年。水塘边，稻田间，杂树丛，烂泥坑，年幼的我，常在溪野，陷入蛙声的海洋。蛙声十里，长长短短，起起伏伏，多么动人的自然音乐啊。

　　雌蛙分娩的痛苦，与哺乳动物没什么不同，甚至更锥心，结束分娩的雌蛙，全身肌肉僵硬，瘫痪般一动不动趴在原地，足足有五六分钟之久。在雌蛙张开的后肢夹角顶点处，一团黑乎乎的蛙卵，有成百上千个，这些蛙卵在水流的作用下渐渐施展为一条长线。可怜的雌蛙甚至没有力气回望她的孩子们一眼。第二天早上，甚至会有元气大伤的雌蛙，就此咽下最后一口气。但多少是个安慰——她的孩子正在水下迅速成长。蛙卵孵化对水质要求高，对水温很敏感，15℃左右的水温是最适合的了，只需7到10天，蝌蚪就能"破茧而出"。蝌蚪出生时，桃树坑的十里长溪，黑压压一片，那小小而又密集的攒动，足以叫一帮孩子兴奋尖叫好一阵子。

　　岸边的尖叫，蝌蚪不以为意，真正危机四伏的，是水下。水下，到处都是捕食者。那些成功避开敌人的蝌蚪，像打了胜仗的士兵，在水里游得那叫一个神气活现。两个月后，蝌蚪使劲撕裂皮肤的伤疤，长出后腿。生长的蛮劲，当真使人热泪盈眶。之后，前肢发育，尾巴"融化"缩短并最终消失，化作它们加速游动的能量。是时候从水中上岸了，小青蛙们从水中一跃而起，蹿上岸边，在草丛石棱间窸窸窣窣。从今往后，它们将用两年时间，以成蛙率不到1%的悲壮迈向成年。

　　夏天，于青蛙，是生与死相交的季节。青蛙瞄准蜻蜓、蚂蚱，而麻雀、鹰、野猫等则朝青蛙迅猛地扑了过去。甚至小小的甲虫们，都

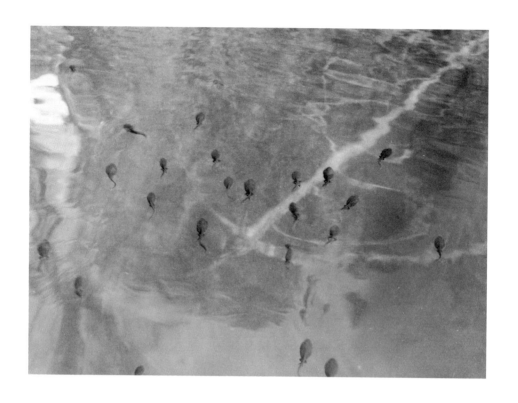

在一前一后伺机对青蛙发动袭击。青蛙用弧度如此优美的跳跃抛物线，演绎着动物界的生死搏杀。从来没有绝对强者，也不存在绝对弱者，破坏平衡的枪响之下，永无赢家。

少年的我，也曾当过数回"狩猎者"，垂钓过青蛙。大白天，躲在水边草丛中的青蛙实在是太没有城府了，它怎么就能那么轻易地总上一个熊孩子的当呢？看看，熊孩子只是让姑婆挖了几条蚯蚓，砍了一根翠竹，备了一根白棉线；姑婆只是将白棉线的一头缠在竹竿上，一头绑上了一条断蚯蚓，并嘱咐熊孩子握紧钓竿底部，把绑有蚯蚓的钓竿尖端伸向草丛，不停升落起降，仅此而已。青蛙怎么就能前仆后继、乖乖就擒呢？真是太傻了。

我和弟弟们陆续长大，慢慢地，家乡老屋就只剩姑婆一人守着了。

日渐衰老的姑婆，日渐残破的老屋，日渐荒废的南山岭，日渐走远的我们。突然，就有一天，世上再也没有姑婆了。青蛙呢，它们都去哪儿啦？

万物之分别，形迹总杳杳。时光是回不去的。合上画本，《蛙声十里出山泉》湿了一角。水墨泅散，望之感伤。秋渐深矣。

虫儿飞

前段时间读了清少纳言的《枕草子》。《枕草子》，早年周作人先生也曾译过，与林文月的译本两相对照着看，我总要忍不住感叹，这世间，再有才气的男人，也实在不如女人更懂女人的玲珑奇巧。

首篇《春曙为最》，一看难忘：

> 春，曙为最。逐渐转白的山顶，开始稍露光明，泛紫的细云轻飘其上。夏则夜。有月的时候自不待言，无月的暗夜，也有群萤交飞……秋则黄昏。夕阳照耀，近映山际，乌鸦返巢……冬则晨朝。降雪时不消说，有时霜色皑皑，即使无雪亦无霜，寒气凛冽，连忙生一盆火，搬运炭火跑过走廊……

读到"群萤交飞"时，眼前仿佛突然悄立一扇柴门，我只伸手轻轻那么一推，便站回了三十多年前家乡的那条水渠边上。

生平第一次下田，原是为母舅家"搬禾"去的。7岁多的我，赤脚在母舅家金灿灿的稻田里奔跑。稻子很香，阳光饱满的味道。稻子成熟，真是会弯腰。稻子弯腰的弧度，与大人们收割稻子时的弧度，一模一样。

我将大人们用镰刀割下的一捆捆稻禾搂抱胸前、腋下，搬运给在打禾机旁劳作的两个表兄。表兄们的小腿可真结实有劲呀，我们几个更小的孩子用再快的速度也赶不上他们踩动打禾机的速度。成长既喜悦又残酷，结局既丰满又虚空。"轰启，轰启"，谷子被打禾机剥离的声响，简直就是要人命的号角。太阳下山，待母舅在大板车上堆好粮包，我的双腿已经腾云驾雾，接不到一点儿力气了。我最后飘在大表兄的黑脖子上。

我在巨高的黑脖子上看见八子。亭亭玉立的八子头枕双臂，仰躺在水渠边的草地上，仿佛一个做着甜蜜好梦的仙女。我让"黑脖子"蹲下并赶他们都走。我要一个人独闯我向往的、她的仙境。

"嘘！"八子没有睁开眼睛，她捏了捏我的手，示意我与她保持同样姿势。一川山水。放空身心的我们，将迎来什么惊喜？我不敢动，仿佛身边遍地是岁月之钟。

流水淙淙，流云蹁跹，都是迎接月光的队伍。"林下漏月光，疏疏如残雪"是一种美；夜色辽阔，月光洒进广袤田野，是另一种美。此时的月光，再不是稀疏残雪，而是大地之上最为轻柔绵长的丝绸，它让暗夜不再恐怖，让黑色不再沉重。一切朦胧可亲，我们仿佛躺在老祖母的怀抱里。

有不一样的光在眼皮上动了一下，两双眸子瞬间亮晶晶地对视、环顾。一点光摇曳着从草丛中升起，又一点光活泼地从草尖上弹起，追向它。一点两点三四点，光呼唤着光；一片两片三四片，影重叠着影。水渠幻化成天河，我们是潜入天河的会动的小小石头，而那些发着光的萤火虫就是在天河里游来游去的尾尾小鱼。单纯、古典、美好的气息纷至沓来，将我们席卷。这样的夜晚多么使人沉醉呀。

我们在月色溶溶里向姑婆兜售萤火虫的轻巧、萤火虫的飞翔以及萤火虫的束束流光。天知道，那个老太太为什么那样固执己见："萤火虫，是孤苦无依的灵魂，它的光，与坟茔旁的磷火一模一样；萤火虫是不祥之物，但凡沾上，好好的黄瓜秧苗全没了根，胖胖的蜗牛全化成水；它有看不见的毒针，永远别让它近你们的身……"用来盛装萤火虫的小小玻璃瓶，在姑婆的呵斥中碎了一地。萤火之光，如沉凝的流水，四散而去，不言不语。同样不能言语的还有童年的委屈。

我们用孩子的方式执拗着对萤火虫的喜爱。

比如，在夜晚的溪边徘徊，以身为饵，展开双臂等待萤火虫的到来，我们端详它们，就像打量倔强的自己。别说它不是从坟茔中长出来的，即便是，又有什么关系呢？旧坟处，不断生长出新坟，一代一

代人老去，而萤火虫一直都在。

不发光时的萤火虫，是普通甲虫的样子。身形扁平细长，除少数身长有 3 厘米外，大部分都只 1 厘米左右；两扇文着一圈金边的黑色翅膀，遮掩着腹部发达的腹足以及腹足上整齐排列着的许多小钩；小小的淡金色头部，长着一对细长触角，中心有一点红；最与众不同的是尾部一节向外凸出。那是它的发光器，只在夜晚以或快或慢的频率，闪耀淡金色的光芒。这不灼伤自己的冷光，为人类照明提供了灵感，人类依此而制造了能够安全照明的人工冷光；我们也曾在数枚鸡蛋上完成了对萤火虫的"发明"：蛋顶上敲开一个小口，清空蛋清蛋黄，将萤火虫放进去，再用白纱线捆住伸进蛋壳的细小棍子，数盏"移动飞灯"很快在村子里蜿蜒。

比如，被大人强行禁足的夜晚，我们一遍遍反复高唱同一首歌谣：

"萤火虫，点灯笼，飞到西，飞到东。飞到河边上，小鱼在做梦。飞到树林里，小鸟睡正浓。飞过张家墙，张家姐姐忙裁缝。飞过李家墙，李家哥哥做夜工。萤火虫，萤火虫，何不飞上天，做个星星挂天空。"在未经世事的孩子眼里，从萤火虫那里看到的，从来都是生趣，都是希望。

待长大，读杜牧"银烛秋光冷画屏，轻罗小扇扑流萤"时，我突然被一种哀愁的叹息击中。宫女居住的庭院竟然有流萤飞动；无事可做的宫女，只能以扑流萤来消遣无边寂寞与孤独岁月。宫门一入深似海，那一扇"轻罗小扇"上承载了多少被遗弃的命运？那些美丽的流光背后，是多少曾经渴望绚烂绽放的花样年华？我几乎是在那一刻，读懂了姑婆的执拗。命运多舛的姑婆，终生未育的姑婆，在她久经沧桑的心里，一切美好都不过是过眼云烟。云烟易散，陪姑婆长久的，是漫漫长夜与无边寂寞。

八子常说我是一个活在旧时光里的老派人，我觉得这是赞美。为了匹配她的赞美，这些天的夜晚，我是在陪奥特曼一起读"二十四节气"中度过的。

知识小档案 >>

发光与不发光的萤

萤，属于昆虫中的鞘翅目。不过，昆虫学上所说的"萤"和一般所说的"萤火虫"，意义多少有点差异。一般说法里，将凡在夜里发光的鞘翅目昆虫都称作"萤火虫"。而昆虫学上的萤，不单以发光为标准，虽不发光而同形态的昆虫，也包含在内。严格来说属于"萤科"的昆虫，现在所知的全世界有 4000 多种，可是发光的只有 2000 种左右。

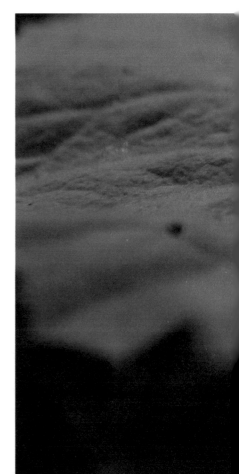

书中所写"大暑。一候腐草为萤"，当是古人对萤火虫最美丽的误会了。萤火虫当然不是腐草变生，而是由雌雄成虫通过发光器的闪光频率相互确定爱恋关系后、交配繁衍的。

萤火虫寿命长不过两年，它们短暂一生，经过了卵、幼虫、蛹和成虫四种形态。一颗颗自带萤光密码的圆形卵，形如迷你夜明珠，被雌萤产在杂草丛生的潮湿处。顺利孵化后，进入幼虫期。幼虫长有非常发达的上颚，像一柄弯镰刀，刺入蜗牛、蛞蝓、蚯蚓等猎物体内，同时，通过上颚中的管道，向猎物注入消化道内具有毒性的液体，使之变成肉糜状的液体吸食。在半年到一年左右的幼虫期里，幼虫要经3到5次蜕皮才能进入蛹期。化蛹时，幼虫用泥沙做成茧，两周后羽

化成虫……这些知识并非来自我的观察，而是我从纪录片里总结提炼再转述给孩子的。我还给奥特曼罗列了萤火虫各种绰号：流萤、夜光、耀夜、宵烛、复景天……给他讲了车胤囊萤照读的典故与查慎行"月黑见渔灯，孤光一点萤"的诗词。为了让他体会萤火虫在日本文化中的象征灵魂，我还陪他看了日本电影《萤火虫之墓》。可奥特曼始终无感，他说，妈妈讲那么多，实在比不上带他去看一只真正的萤火虫。

这真让人沮丧。一方面，萤火虫是对环境非常敏感的生灵，轻微的污染足以让它们选择逃离。另一方面，萤火虫成虫期不过一两周时间，这一两周，它们的全部使命就是通过发光器的"光之语"，找到同频共振的爱侣，繁衍后代，然后了无遗憾地死去。灯火通明的城市，早已完全覆盖了萤火虫的光亮，无法循光而至的雌雄成虫们，在孤独中，慢慢悄然绝迹。多么害怕，那些精灵，从此只在童谣的高山之巅、流水之畔，发出光芒。

看着孩子的眼睛，比月夜更璀璨晶亮的眼睛，我实在必须掩藏我的悲伤。这些天，我牵着他的手，走出空调屋子，去往江边湿地公园。在萤火虫可能发光的戌时（晚上七点到九点），我陪着奥特曼在草丛边蹲守。我如此渴望，那些曾在暗夜背景上闪着诗意的点点萤光，能将孩子的眸子照亮。

蝉鸣新绿

窗外蝉鸣正欢，一个身影从我脑海里一闪而过。

他是来自江浙一带的捕蛇者。20 世纪 80 年代，常有异乡手艺人、货郎等结伴或是独行来到我的家乡。捕蛇者，身形高瘦，样子普通，

知识
小档案 >>

蝉的一生

　　雌蝉在出土后半个月便着手在树枝中产卵了，那是象牙般白色的卵。经过六七个星期，大概在十月底左右，幼虫从中孵化出来，跟着枯枝落到地上，钻入地下深处，开始了漫长的幼虫期生活。经过多次地下蜕皮，幼虫变成拟蛹，终于从地下爬出，攀上草木，在最后一次蜕皮后，最终羽化成蝉。

因经年不见，名字实在想不起来了。我只记得他和他的徒弟是踩着一个春天的尾巴到来的。

那天，是立夏吧，依循古礼的姑婆，郑重其事地在厨房忙碌，煮立夏面，煮立夏蛋，蒸粉蒸肉，等等。实在腾不出脚的姑婆，便吩咐我代她跑一趟，请师徒俩过来，隆重一聚。

"立夏恰（吃）个仔（鸡蛋），芒锤打不死；立夏冇恰腥（荤菜），两脚髌髌枪（轻飘飘，无力）。"我唱着姑婆教的童谣，蹦蹦跳跳就去了。

旧暗的光线，半干的血渍……捕蛇者背对大门，正在杀蛇。我的胃不受控制地翻江倒海。声响叫停了捕蛇者手中的一切动作，他本能转头，向我微笑。这夹陈光线之中的微笑，使老房子瞬间生出许多可怖的景象来，我逃也似的往回跑，哭着请求姑婆再不要让他们靠近半步。

雷雨过后的某个黄昏，我在屋后池塘的柳树根周围，发现了一些口径不超寸许的大小洞穴。姑婆说，这些都是蝉的小窝窝，洞口大的，蝉已出窝上了树；洞口小的，蝉应该还在喘气儿等天黑呢，天一黑，蝉就会钻出来。

熊孩子哪有耐心等长久的天黑呀，四下寻根小棍，我开始野蛮抠洞。不深，只伸进去30厘米左右，棒的一头就到底了。而蝉，屏息静气，待在洞中一动不动。我鄙视这样毫无意义的"装死"行为，用手使劲往洞里一扒一拽，一只浑身裹满泥浆的浅黄色蝉体就落进了掌心里。

怎么不飞，也不叫呢？我有些失望，更多是害怕。我害怕自己是不是遇到了跟高柳鸣蝉不一样的小怪物，害怕美梦被侵扰的小怪物是不是在想诡计来惩罚我。它肯定会放毒针。偏偏，托着小怪物的那只手却挪动不了分毫……简直太使人难受了。

幸而，捕蛇者出现。他默默从我手上将小怪物取走，并放在了一棵柳树上。小怪物顺着树干"滋滋滋"地向上爬，之后，将六只脚紧紧扎实树干，绷紧全身，在它背上，一条黑色裂缝显现了；裂缝慢慢变大，小怪物的头部从壳中赫然出现，黑溜溜的眼睛鼓鼓而凸；接着是上半身，再是后腿，最后，将身体倒挂，褶皱的双翼徐徐展开。爪子微红，身体嫩绿，一只新生的蝉仿佛从一副盔甲中走出。蝉用自身体液将双翼撑饱满，当体液抽回，它柔软的双翼变硬成为翅膀，嫩绿的身体逐渐变得乌黑发亮。

我一声没能忍住的兴奋咳嗽，蝉变成夜的一部分飞走了。

"蝉分公母，公蝉肚子上有两片硬壳，掰开，壳下有两片白色薄膜，膜一振动，就能发出声音，就像身体里藏着一面蒙着皮的鼓，要是嫌吵，只需在膜上弄个小窟窿，它就叫不出来了；而母蝉没有那样的壳、膜，是哑巴蝉，"捕蛇者仿佛知道我要问什么似的，"蝉要蜕皮才能长大，蜕皮时，如果受到干扰，将长不全翅膀，终身残疾，无法飞行；严重的还会卡在壳里，窒息而死。所以它们大多选择晚上出洞，毕竟有夜色掩护，可以躲开很多无妄之灾。"

抠蝉出洞的我会是蝉的灾难之一种吗？当然，这个问题我并不想捕蛇者作答，我只想问他怎么知道这么多。"因为我家囡囡打小特别喜欢蝉啊……"话说一半，不知为何，捕蛇者突然陷入哽咽，丢下手足无措的我就走了。后来，我才知道，囡囡幼年遭毒蛇侵咬离世，他就此成了一名捕蛇者。

爱与痛，从来都是编织悲情的经纬，那么久了，捕蛇者依旧深陷悲情之茧的束缚中，不曾逃脱。小小一颗心，便也跟着难受起来，便总愿意多生出一些事来填补捕蛇者客居异乡的光阴来。

央他陪我捕蝉是常招了。我不敢爬树，从来只会用最笨的方式捕捉。一根长竹竿，一头绕个铁圈，铁圈上绑个塑料袋，就是我的武器了；举着武器，仰着脖子在树下听声辨位，找到与蝉大致齐平的位置，把袋子往蝉身上一扣，快速向下撤回竹竿，就是捕蝉的全过程了。因为技术含量不高，一整天下来，捕获量大多为个位数，为此，我没少被小伙伴嘲笑。

捕蛇者告诉我，蝉有趋光性，只需在夜晚，在树干下烧一堆火，然后敲击树干，蝉就会"噗噗噗"地往火堆里跳。这时迅速上前活捉，十拿九稳。在他的帮助下，我在乡间捕蝉之战中一战成名，虚荣心得到极大的满足。每次我欢呼胜利，捕蛇者总爱用手揉弄我的头发，好像我是他的女儿一样。

在捕蛇者的指点下，我还像模像样地观察过蝉产卵的过程：母蝉选择一根嫩枝，用剑一般的产卵管在嫩枝上刺一排小孔，将卵产在小孔里，一孔有卵 6 到 8 粒。之后，它用坚硬的口器刺破一圈韧皮，以断绝嫩枝的水分、养料供应，这样，有卵的树枝将来就更容易被风吹落地上，方便孵化出来的幼蝉钻进土里。

大概半个月，蝉卵就能孵化出幼蝉。只是，幼蝉出生不久，产下它们的蝉爸蝉妈就会先后死去。这些被秋风吹到地面的孤儿，一落地，就会立即寻找柔软的土壤往下钻，仿佛大地是它们最渴望的母亲怀抱。少则两三年，多则十几年，孤苦无依的幼蝉长期在地下生活，以吸食近旁树根上的汁液续命。

从幼虫到成虫，蝉一生要经历五次蜕皮才能真正脱胎换骨，前四次在地下进行，最后一次爬出洞穴完成，走向光明。这样的蜕变，赋予蝉无限的神秘感，商周时代的青铜器中，无论水器、酒器还是炊食器，都有蝉纹的存在；而早期道教把"蝉蜕"看作是羽化成仙，蝉于是成为道教灵物，民间有将玉蝉放在死者口中的习俗。

当倚门而坐的姑婆不再轻摇蒲扇时，蝉鸣将息，很快，蛇也要冬眠了，捕蛇者自然也将踏上回家的路。看着捕蛇者远去的背影，我有隐隐的失落，但转念想到家从来都是治愈伤痛的良药，捕蛇者一定能在亲人的陪伴下如蝉般蜕尽苦痛，破悲情之茧而出，内心又生出大大的喜悦来。

"知——了！知——了！"又是一年，蝉鸣新绿，愿捕蛇者晚年安好。

螽斯羽

　　前些天，去钱币博物馆参观，我一边震撼一边遗憾。震撼在于馆藏钱币之多，几乎贯穿了货币的"前世今生"；遗憾在于偌大一轮"币览春秋"中，少了一堆颇有意思的"花钱"。

　　"花钱"源于汉代，外形虽与当时的钱币相仿，但因没有年号，所以不能流通，一直都是中国民间自娱自乐的一种玩钱。大家都知道，中国古人有佩玉的风俗，可玉的价格很高，普通百姓根本买不起，但他们也想祈福消灾啊。怎么办呢？于是就有了刻有五花八门图案的"花钱"出现。学子进京赶考，带上几枚刻有"连中三元""文星高照"的"花钱"聊作心理建设；商人买卖交易，系上一串"招财利市""黄金万两"的"花钱"讨个吉利彩头；新人洞房花烛，铺上一床"龙凤呈祥""螽斯衍庆"的"花钱"期待天长地久，生活瞬间美好起来！

　　子孙，是生命的延续，晚年的慰藉，家族的希望。在远古，天灾人祸不断，生活资源极度匮乏，各氏族部落急需扩大人口规模以防备生存危机，生殖成了当时的头等大事，许多如螽斯一样的多仔（籽）特征的动植物常被当作崇拜对象。"使圣人富，使圣人寿，使圣人多男子。"《庄子·天地》记载的华地封人对唐尧的三个美好祝愿，很好佐证了华夏先民多子多福的观念。

> 螽斯羽，诜诜兮。宜尔子孙，振振兮。
>
> 螽斯羽，薨薨兮。宜尔子孙，绳绳兮。
>
> 螽斯羽，揖揖兮。宜尔子孙，蛰蛰兮。

参加婚礼的人用"绳绳""揖揖"等六组叠词模拟螽斯群聚满堂之态，再三祝颂"宜尔子孙"，表达对小两口多子兴旺的美好祝福，用墨如泼，音韵铿锵，意境显豁又明朗。

螽斯，生殖能力很强的渐变态昆虫，中国有 600 余种，全世界有记录的约 7000 种。其中，最常见的一种，别名蝈蝈。身披绿色、有弹跳自如的大长后腿的蝈蝈，粗看外表，长得很像蝗虫。不过，蝗虫的触角又粗又短，而它的触角则如丝般又细又长，远远看去，活脱脱就是一个着绿铠甲的齐天大圣模样。

蝈蝈与蛐蛐

螽斯，俗称蝈蝈，是鸣虫中体型较大的一种，体长在 40 毫米左右，乍一看有点像蝗虫，多为草绿色。

蟋蟀，俗称蛐蛐、促织，多为黄褐色甚至黑褐色，体长 25 毫米的"油葫芦"已经是蟋蟀中最大的一种了。

儿时，我还没患光过敏症，也真不怕热，大中午，赤着脚，两手各拎一只鞋子，跟着小伙伴们去南山岭的豆垄间，寻找那些叫得正欢的"齐天大圣"们。瞄准了，用巧劲将两只鞋底快速一合，蝈蝈便被稳稳夹在了两鞋之间。

不过，我其实很怵蝈蝈的硕大门牙，仿佛看一眼那门牙我的手指就会被咬化。心有恐惧，心劲就松，鞋子夹不住就要松开了。一旁的堂哥眼明手快卡住蝈蝈的脖子，麻溜薅过一把大树叶将它捆绑起来。

被捆住了手脚的蝈蝈，是缴械投诚的将军；被缚住了嘴巴的蝈蝈，只会拿一双视力不好的小白眼瞪我。小眼不聚焦，我才不怕呢。我把它带回家，养在一只小竹笼里。可我实在不知道它究竟喜欢吃什么，反正白菜叶子大辣椒、绿草卷儿大葱头，手边有啥就喂啥。它呢，倒也不挑，来者不拒地，"咔嚓咔嚓"，吃个一干二净。

同是昆虫界的歌唱家，蟋蟀的鸣唱，尖而锐利，有金属之音；而螽斯鸣声多变，时而高亢洪亮，时而低沉婉转，时而清丽自然，或如疾风骤雨，又似溪流潺潺，有时好比纺纱，又称纺织娘。

说是"纺织娘"，可真正能出声的从来都是雄虫。看吧，在雄虫近于网状的翅膀上，玄机浑然天成：前翅有两片透明的发声器，左覆翅的臀区长着一个略呈圆形的发音锉，右覆翅恰巧生出一些边缘硬化的刮器。左翅在上，右翅在下，一对覆翅相互摩擦，可不就是音锉与刮器在美妙碰撞？不同种类的螽斯，音锉大小、齿数、齿间距各不相同，翅的薄厚和振动速度也不相同，说螽斯齐鸣是自然交响，真是一点不为过。

　　清明前后，天气湿润，那些在土中过冬的螽斯卵一个接一个地迅速膨大。虫体破壳而出为若虫。若虫历经四次蜕皮，抢在大暑到来之际羽化为成虫，长成开叫，交配生子，至白露时开始衰老，于霜降前全部死亡。

　　仿佛是暑热之气能刺激鸣叫，雄虫在蜕皮完成后 3 到 10 天开始发声，天气越热，叫得越欢。交尾季节，数只雄虫在同一片区域，长时间发出尖锐有如磨刀的"唧唧"声吸引异性。雌虫虽没发声器，出不得声，却有听器，能听到雄虫的呼唤。"声音控"的她，闻讯赶来，经过反复试探、比对，选中歌声洪亮者作为自己的爱人。

　　两三周后，雌虫开始产卵：腹部上提，尾端那尖刀般的产卵管插入土中，一会，再把产卵管提高一些，开始左右剧烈摆动腹部，卵便像植物种子一般，撒落土中；抽出产卵管，用力向后弹土，封住产卵孔；休息一会，慢悠悠起身，假装不经意地在四周兜一圈，很快又回到原先产卵的地方……产卵，休息，再产卵，再休息……一个小时不到已然重复了五次。之后，雌雄交配还会发生，产卵也将继续进行。

　　一只雌虫，一生共可产卵 400 多粒，难怪螽斯会被编入《诗经》，

当作生育偶像被先人传诵。有绵绵不绝的新生，才有无穷无尽的希望嘛。

在北京故宫，西六宫西二长街南端有道门，叫螽斯门，始建于明朝，与北端的百子门相对；在东六宫对应的位置上，则是麟趾门，麟趾门对面是千婴门。螽斯麟趾，百子千婴，时刻提醒着东西六宫的后妃们，要为皇家生育子嗣，绵延香火。电影《末代皇帝》中有这样一个镜头堪称神来之笔：三岁的宣统举行登基大典，山呼海啸般的"皇上万岁万万岁"显然让他茫然不知所措，他直直地在群臣中跑来跑去，直到发现大臣身上的蝈蝈才露出天真的笑容……微小的蝈蝈，似乎成了撬动宏大江山的某种隐喻。

田间一角，花叶生长茂盛，长长的藤蔓上应该正结着许多大小熟透的瓜，螽斯嗜甜，款款而来……宋代画家韩佑，江西石城人，曾画过一幅很有名气的画——《螽斯绵瓞图》，南宋时被内府收藏，清乾隆年间入选著名的《石渠宝笈》，现存于台北故宫博物院。螽斯衍庆，瓜瓞绵长；海峡两岸，同根同源，有机会，我一定要去台北，看看那幅画。

那样一头牛

深秋回乡，遇堂兄良。只见他，头枕竹椅，双手扶肚，两脚抻直，眼微闭，嘴大张，左右脚踝舒坦一交，两个脚丫子便与淌进新屋里的日头，暖融融地搁在了一起。那率性温厚的模样，直使我想起乡村墙根下边晒太阳边反刍的牛来。

在没有机械的农耕时代，犁田耕种，全靠一头牛，说牛是农民最

重要的伙伴一点不为过。苏轼曾写文称"农民丧牛甚于丧子",并手书《牛赋》以期能教化乡民爱牛惜牛。劳累了一天的牛,静卧墙根,把之前因赶工粗嚼咽下去的草料从胃里返到嘴里,细细用牙齿磨啊磨,一条长舌翻卷,鼻孔里发出唏唏呼呼的声音,许多高低错落的白沫便在阳光照耀的一张大嘴里闪烁不已。

儿时,南山岭南边、老房子东边的那座牛棚,就养着那样一头牛,由五个伯父共有、数位堂兄轮流看放的一头大黄牛。

那样一头牛,庞然大物般,怎么就甘愿被几个孩子驯服呢?大人告诉说,那是它的命数。相传,很早很早以前,牛本是玉帝女儿的坐骑——麒麟,常到凡间偷吃庄稼。偷吃嘛,总会被发现,可这神物呢,不认错也算了,反用蹄伤人,还用牙将人咬烂。气愤的玉帝一脚过去,踢掉了它的上牙,罚它一生不能吃肉,又命天兵天将砍破它的蹄子,并用削尖的竹筷将它鼻孔穿个窟窿、套上鼻圈,就此打入凡间,替人犁田耕种,好赎一身罪孽。我们都听得津津有味呢,最爱牛的堂兄良却跳出来反对,说传说唬人,作不得数,真实原因是因为"大眼鼓"牛的眼睛像放大镜,看出来的东西要比本来大许多许多倍,牛害怕变大了的人,以为只要我们伸出两根手指头便能擒住它,抬一根脚指头就能踢翻它,所以才不敢不听话……他反复强调,这些是桥那头的那个"牛的伢人"告诉他的,错不了。

"牛的伢人",是我们那,对最懂牛、能帮人相牛并促成民间买卖交易牛的那类人的统称。桥那头的那个"牛的伢人"除会这些外,还有一手给牛鼻子穿绳的绝活,一直都是堂兄良的偶像。堂兄良最喜欢满村追着赶"牛的伢人"给牛鼻子穿绳的"场"。

十月怀胎的母牛,生下小牛;小牛长到一岁,就必须在鼻孔里穿根绳,这样才能听话,牵哪走哪。给牛鼻子穿绳,劲要巧,手要快,

位置要找得准，这样伤口好得快，牛不至于太痛苦。这活一般人做不好，偏桥那头的那个"牛的伢人"行，每次做完，牛只"哼哼"两声，躺躺，走走，一两天就能下地。

桥那头的那个"牛的伢人"也很喜欢堂兄良，说堂兄良，脸长皮黑眼睛大，嘴巴厚厚指节壮，铁板钉钉是头好牛犊。堂兄良很中意听到这样的比方，觉得真是说到了自己的心坎上，一有时间就追在人后头，"师父长""师父短"地叫着，潜意识里总把自己当"牛的伢人"的接班人看。有天，堂兄良郑重其事地站在田埂上，向一干伙伴宣布，说他终于知道怎样选好牛了。可任凭我们磨多久，关于好牛的标准，他一句也不曾透露。他只告诉我们，眼睫毛乱长的牛，喜欢用角顶人，在它发情时，一定要远离；还有牛翻白眼，是在宣泄不满，得赶紧顺顺它的毛，或刷刷它的背，要不然，就赶快给它添上草和水，千万别吆喝它继续干活，否则，牛脾气上来，很难降得住。

我特别羡慕，夏天傍晚，堂兄良能骑着大黄牛，傲然又缓慢地，从田野走向家园。夕阳或是月光，不浓不淡，不远不近地跟着他们，整个天空像是披着一层层用金纱或银线织就的好看波浪。波浪在牛的背上、堂兄良的头上起起伏伏，多像是《封神榜》里神仙童子闪亮登场啊。

许多个冬天，没什么可玩的堂弟们，叫上我一块去牛棚玩牛。所谓玩牛，就是远远站在牛棚外，朝牛身上扔小小的石块。孩子手一扔，牛身上的皮肤就会轻轻一抖，再一扔，又一抖，扔得越快，抖得越频繁，仿佛人中毒时嘴角在抽搐。牛想必是能忍受那种抽搐的，它并没有发怒，只是有些无奈地偶尔转过头，看我们一眼，仿佛溢满宠溺孩子的大人的叹息。

一个堂弟恶作剧地找来一根干毛竹，绕到牛背后，戳牛的屁股。牛刺激性地将尾巴一甩，一圈牛粪"扑"一下，掉在地上。我们哄堂大笑。牛的眼睛突然瞪得好大，似乎变成了酝酿深不可测风暴的湖水。我们显然怕了，"轰"一声，四散跑开。牛，便真的发起脾气来。它一圈接一圈地，绕着拴它的木桩子疯狂转动，眼看木桩子就要被拔离地面了。它会披了一身怒火从牛棚冲出，将我们撞倒吗？我们瞪圆了惊恐的眼睛。堂兄良光着脚从远处跑来，他一手抻牛绳，一手快快地顺着牛毛。他还低下头，跟牛说着我们听不到的话。牛狠狠地喘了一口大气，急打着粗重的鼻息。反复几次后，牛的脚步越来越轻，圈越转越慢。仿佛修行之人通过打坐、念诵，能将命运里的一切不甘不平缓缓消化。

平静下来的牛，曲着腿，在堂兄良脚边斜躺下来。它的鼻子轻轻抬着，目光陷入某种空茫。堂兄良又摸了摸它。堂兄良深深剜了我们一眼。我们再不敢去牛棚玩牛了。

初中毕业后，堂兄良并没有留在乡村成为新一代"牛的伢人"，而是跟随他的姨父去了广东打工。打工潮越涌越猛，村子里的年轻人越来越少，田园日渐荒芜。当屠夫在晒谷场磨刀霍霍时，南山岭南边、老房子东边那座牛棚里关着的那头牛的眼睛里，蒙上了一汪接一汪的泪水。几声沙哑的吼叫之后，牛站起身子，抖了抖身上的尘土。牛将头长久转向南山岭，一朵云飘过，它的毛色和土地浑然一体，只有和牛一样老的人为它送行。

伯父们越来越老了，每次跟远方的儿女视频，他们的眼睛里呈现出老黄牛终老前的空茫与无助来。这种空茫与无助刺痛了堂兄良的心。在外漂泊十几年后，堂兄良带着一身细软，完完全全从广东回来了。回家的第一天，堂兄良带着孩子去了桃树坑祭祀，两代人在田野里走了许久许久。风吹稻浪，堂兄良看土地的眼神，多像是当年他看那头大黄牛时的眼神啊。充满深情，写满眷恋。堂兄良拎着酒，挨家挨户串门，几天工夫，与乡亲们签下不少同意租让土地给他的协议。很快，堂兄良成了我们村又一个种粮大户。

田越来越平整集中，机耕道越修越阔实，当越来越多的机械设备"轰轰轰"开进地里，"拉牛犁田"的景象，终将远逝为一幅乡愁意义上的田园牧歌图景。人生百味系牛身，那是牛全新的命运。或许，也是堂兄良们全新的命运。

拱桥上的狗

　　山乡小院向左，行不过百米，是一座古朴石拱桥。从桥头探身一看，溪水里成群的鱼儿，集体抬了抬下巴，很快，见怪不怪，游走了。留下一条大黄狗，在桥的另一头，看着我。

　　其形消瘦，腿细身长；其目暗淡，毛发萎黄；神态寂寂，气息苍苍，全身满布着黄白相间的斑驳皮毛，仿佛黄卷青灯美人迟暮，又似峭壁千仞英雄末路，显然，拱桥上悄然立着的，是一条上了年纪、不再威风八面的狗。

　　它并没有对我这个闯入者发出警觉的狂吠，更没有急急直冲过来，它只是竖了一下百无聊赖的耳朵，无悲无喜地看了我一眼，便转过头去。沉默的样子，像极了年迈的小八。小八是美国影片《忠犬八公的故事》中的"主人狗"，没人知道它从哪里来。它在一个小镇的火车站，与帕克教授相遇，教授轻

轻一抱，就再也放不下来。教授每天都要坐火车上下班，小八每天都会去火车站接送。

有科学家说，一条健康狗的鼻子上，有3亿条左右嗅腺，且鼻头总是湿的，不仅能嗅到很久以前的气味，还能嗅到身体脏器病变的气味，甚至死神的味道。小八显然闻到了笼罩在教授身上的死亡气息，它想尽办法不让教授离开。教授却毫不知情，如往常般乘火车离开，从此，再也没能在站台出现。等不到主人的小八，毫不气馁，依然每天傍晚准时站在小站门前，守望主人归来。

一守九年。九年光阴，足够使一只年富力强的狗步入晚年。垂垂老矣的小八，在一个大雪纷飞的夜晚，于无尽孤独又溢满温情的等候中寂然离世。

安得返魂香一缕，起卿沉疴续红丝？大爸离世那会儿，也曾有一只谜一样的大黄狗出现在大妈面前，怎么赶也赶不走，只逼着她在原地转了一圈又一圈。大妈忧戚垂泪，它突然中中正正蹲坐下来，两只前肢上举，作拜年状，用一双眼痴痴看着她。有所触动，大妈喃喃自语："是你吗？是你显灵附神犬之身来看我吗？"黄狗仿佛听懂，竟呜呜叫着站立起来，前肢往她身上温顺地扑过去。大妈急忙用双手托住它的前肢，相对的那二十来秒钟，她看得真真切切：黄狗眼中，缓缓流下两行泪水。大妈不顾一切地把它抱住，它一动不动地趴在她肩上任她轻抚诉说。

庄生晓梦迷蝴蝶，望帝春心托杜鹃。又何止是蝴蝶、杜鹃呢，但凡这世上的深情，怕都能在每一样灵性之物中找到托付的印迹。

大黄狗，是中国本土最古老的犬种之一，学名中华田园犬。相传，秦始皇统一六国时，手里就总牵着一条大黄狗。这种狗，性格温和，容易饲养，忠诚度极高，在几千年前被我们的祖先选中，成为农耕时代看家护院的贴心帮手，被尊为"中华国犬"。

小时候，我家也养过一只名叫阿黄的大黄狗。许是担心虚张声势的大书包会将我累着，自我上幼儿园的第一天起，跟在我身后的阿黄就不停用自己的大鼻子将书包拱起。我幼儿园的同桌是个左撇子。一左一右的两个人，靠在一起，写作业时铅笔免不得打架，画三八线也不管用，时常吵架。某天，冒雨来幼儿园接我的阿黄，刚好看到同桌推了我一把。可不得了了。只见它前后左右、各转体180度地飞速甩头，将水溅人一身不说，还一阵龇牙咧嘴的狂叫，愣是将人吓得直接尿了裤子。后脚赶到的姑婆，拿了好大一根棍子，才把它轰走。

同桌家长跑到我家要说法，姑婆赔了许多不是，临了还送了二十个鸡蛋请求原谅。那年月，物资多贫乏呀，清亮亮的二十个鸡蛋足以使一家人心疼好一阵子。气不过的姑婆来到后院，狠狠给了阿黄一脚，说："该死的左撇子，今后再不许去学校！"姑婆并非指桑骂槐，狗确实是分左、右撇子的，只需看狗起身时先迈哪边的腿，或者平时常用哪只爪子，

就可以清楚判断出究竟是左撇还是右撇。阿黄，是正儿八经的左撇子。

都说狗聪明，成年狗有相当于 5 岁孩子的智慧。阿黄明显听懂了姑婆声色俱厉的恫吓，从此，每天便只敢到拱桥边上接送我了。

阿黄在我家养到第十二个年头后，就再不愿履行看家护院的职责了，任无数生人经过，它都一动不动，懒懒地趴在门前的台阶上。当然，也有可能是力不从心的缘故。阿黄的胃口也变得很差，吃东西再没有当年风卷残云般的欢喜劲，仿佛得了厌食症。

老了的阿黄，孱弱，清冷。面对抚触，再不会迅速蹿起，顶多，皱皱大鼻子，呼一股微弱热气；顶多，抬抬那双仿佛蒙了一层石灰水的浑浊双眼，轻轻浅浅看上那么一眼。更多时候，它静得接近虚无。虚无使人难受，仿佛陷入无边灰色的景况，心底弥漫起宛如目送一个最亲最爱的人慢慢走远的悲伤与永不能回头的绝望来。

山乡石拱桥上，那条大黄狗并没有离开，它低垂着眼睑，像是在打盹，又仿佛在回忆。

回忆什么呢？倚门而坐的房东老人将手中蒲扇轻轻一摇，人世间无功利的温情就又一次漫过我的心尖。

我想念故乡的拱桥，以及拱桥上曾摇着尾巴向我走来的阿黄。

蹑足走过的猫

五月的北京，绿意四起，却因水汽偏少，到底难比江南蓊郁葱茏，我能看出奥特曼的小小失望。然而，最令奥特曼失望的不是景色，而是邀他来北京的彤小妞食言，并没跟她妈妈一起到机场来接机。

"彤小妞喂猫粮时，看了眼刚生下的猫崽，给娇娇挠伤了。这会儿正在医院打狂犬疫苗呢。"得知原委，奥特曼很自然地把娇娇记恨上了，他气呼呼地说，一会儿见着这没良心的东西，定要狠狠训斥一通帮小妞报仇。

曲折之间，我们走向炒豆胡同院子深处。一只黄白相间的母猫从门前小平顶一跃而起，蹿向地面，站到我们跟前。曼妙、轻盈、流畅，是娇娇。娇娇用它圆圆的瞳孔深深看了我们一眼，然后，面无表情地离开，那种与生俱来的淡漠在它棕色的瞳仁里发出凛冽寒光。这使我瞬间想起老房子里那个古旧的棕色座钟，以及蜷缩在座钟桌底下的"黑将军"来。

儿时乡村，鼠多为患，在我们那儿，几乎每家每户都会养猫。当然，不是养乖巧萌宠的情感需要，而是圈养野猫，并将其驯为捕鼠能手。

野猫中有一种黑猫，身形像狸，外观如虎，毛柔而齿利，擅攀能辟邪，古时富贵人家大都有养黑猫或摆放黑猫饰品的习惯。"黑将军"是在我七八岁时，被姑婆领进家门的一只黑猫，也是我家养的最后一只猫。

人猫初见，"黑将军"不过大人一只巴掌大小；眼睛狭长，似乎怎么睁也睁不开；舌头常抵下腭，将嘴巴支棱得一开一合，仿佛婴儿在寻母亲的双乳；寻不着乳汁，便将头左拱右拱，并辅以又尖又娇的"喵——喵——"声，弱弱喊叫，当真可爱。

半年过后，在姑婆的精心照料下，摇摇摆摆的小可爱长大了，尾长腰短，目光如金银，虎虎有生气。因它超强的捕鼠能力，我们封它做"黑将军"了。每每抓到老鼠，"黑将军"并不着急吃，而是用小鱼一样的整齐牙齿咬上一口，然后不停用爪子"挥打""玩弄"，直至老鼠不再动弹，才皱皱鄙夷的眉头，去寻找下一个猎物。看着它悄然又傲慢地从身边走过，我总疑心自己看见的是一只沉默咆哮的猛虎。

心有猛虎，细嗅蔷薇，这话用来形容"黑将军"对姑婆的状态再恰当不过。看看，只要一见姑婆，它的眼睛就像是涨了潮。它将尾巴竖得高高的，不停用嘴去蹭姑婆的裤管，边蹭边"爱的魔力转圈圈"。可是，天知道，在姑婆的心里究竟发生了什么，她不仅无视"黑将军"的讨好，还一反常态对过去无比宠爱的它实施冷暴力——白天不再叫唤，睡觉时赶它下床，就连每日的喂食都全部交给弟弟们囫囵对付。

猫是天生高傲自尊的物种，从来有强烈的自我，实在做不到摇尾乞怜。在短暂的不知所措后，"黑将军"将脊背一拱，胡子一抖，开始远离姑婆，主动站到了那条看不见的鸿沟彼岸。

"黑将军"到我家的第九年还是第十年，我记不太清楚了，我只记得它离家而走那天，窗外一丝风也没有。没有风，天地陷入一片死寂，让人心里惴惴难安。家中，那个从未出过毛病的棕色座钟，突然坏了。姑婆将旋扭器置入锁孔不停扭转，用手指气急败坏拨动时针、分针、秒针，座钟始终一言不发，拒绝给姑婆"当当当"的整点回应。

后院葡萄架下，姑婆窸窸窣窣，将座钟的锁心掩埋，边掩边说："猫将死时，会把自己藏起来，不让人看见。唉，该是'黑将军'到年头了。其实，我真喜欢它哇。我只是没想到成年后它的脸，跟晓H（姑婆最爱的第二任丈夫，因某种原因不得不和平离婚）越长越像，每次面对，心绪翻滚，却还是舍不得将它送走；座钟是晓H留下的唯一物什，猫走了，它也就不响了。"

只需轻微改变尾巴的位置和高度就可使身体获得平衡的猫，也许是这世上最具灵性的动物了。在埃及，猫被认为是圣兽，是神明的化身；在欧洲，猫跟中世纪的许多女巫传说联系在一起，传说一个女巫

能借用一只猫的身体九次，穿过白昼黑夜，看透生死轮回，因而猫也就有了九条命；在中国农村，一直流传猫能看见鬼魂，出殡时安排人守夜，守夜人常提防着不能让猫们跳上棺木。

"猫，目睛暮圆，及午竖敛如线。"《酉阳杂俎》里猫瞳孔会随时而变的记录，我从来也不敢一验真假。我害怕注视猫的眼睛，那双明明知道很多却从不显露端倪的猫的眼睛。我一直认为，猫的眼睛其实是催眠大师法力无边的法器，人一旦被施法，将跟着蹑足走过的猫步入另一个世界，仿佛跌落时间悬崖的一侧，来不及发出半点声音。

奥特曼没见过那个座钟，也不知"黑将军"的存在。他才见到娇娇的真身，就全然忘记了刚才的"记恨"。

与为邻

亲近自然是孩子的天性，即便远离洋溢湿润气息的泥土，孩子们也能变着法地用从商场买来的各色彩泥，揉捏出许多鲜活于心的生灵形象。

灰色、滑泻的身躯，暗红、漠然的眼神，银色、层叠的鳞片……当奥特曼把他手工课作品递到我跟前的时候，我分明感到了一种扭动的凉意。看上去温顺、沉默的蛇，永远潜藏着巨大危险，多像那个蜷曲、漫延在我们躯体里的灵魂啊。

"快拿开！"我心慌一吼。

"对不起，妈妈。我本来是要捏一只可爱的小老鼠送给你的，可是，太难了，我想到昨天学了成语'蛇鼠一窝'，就捏了它的好朋友——蛇来代替。"

蛇，老鼠的好朋友？又一个被人类强行捆绑并胡乱摊派的组合。这是一个危险的误会，亲爱的奥特曼，相对于猫，老鼠真正害怕的天敌其实是蛇。

擅长打洞的老鼠，一双豆眼儿虽近乎弱视，听觉、嗅觉及味觉却

很灵敏。它时刻将大耳朵竖得挺括，那严阵以待的劲儿，仿佛连尖嘴上的胡须都成了钢丝。一有声响，老鼠屁股一绷，尾巴一翘，以百米飞人般的速度变成一束灰光逃回洞中。那些洞口大不过婴儿的小拳头，小的只五分钱硬币大小，再厉害的猫，料也钻不进，只能干瞪眼；只有蛇，"咻溜"几下，就用那滑沴的身体将老鼠堵了个正着，然后一饱口腹之欲，将它吃个一干二净。

老鼠，可爱吗？

也许是有点的。

"小老鼠，上灯台，偷油吃，下不来……"儿歌里的小老鼠顽皮淘气，天真烂漫。

"鼠咬天开"。在天和地混沌未开、乌黑一片时，第一个站出来、将天咬开一个大洞、让太阳光漏进来的老鼠多么勇敢，于是中国人将它排在了十二生肖榜首，每入民俗画，喻义大体都指向灵巧聪慧、家族繁盛；古埃及人认为老鼠象征大地的富饶资源与盎然生机，将它与月亮联系在一起，计算着人间的岁月；古罗马人以看见白鼠为吉，以鼠咬破衣物为厄运将至；还有米奇老鼠，机智杰瑞……

奥特曼尚小时，我教他画的第一个简笔画动物形象正是一只卷曲着小尾巴的可爱老鼠。

可是，天知道，小时候的我，有多讨厌、害怕老鼠。

我讨厌它们不劳而获。谷子、红薯、南瓜、花生……几乎所有庄稼收获，人类的即是老鼠的。老鼠个虽小，食量却惊人，每天至少要吃掉自身体重 10% 以上的食物才会摸一摸肚子，呼一声"满足"，然后，第二天，接着吃。吃就吃吧，还那么嚣张，白天黑夜，一点不怕人：谷壳遍地，老鼠屎横行，噬咬声几乎成了每个夜晚我们必须接受的神经考验。

老鼠的门牙极发达，没有齿根，可以终身不停生长，所以它必须不停寻找物品噬咬以磨短门牙。木柜被咬坏，水泥被咬烂，就连钢管都难以逃脱碎裂的命运，更别说我们心爱的小衣衫、小白球鞋了，最恨的是它居然连我珍贵的小人书都要咬，简直天理难容！

每回狭路相逢，我都故意咳嗽，或大声吞咽，或使劲跺脚，老鼠不畏不惧，只躲在暗处发出"窸窸窣窣"的声响。偶尔，它还张狂一窜，吓得人魂飞魄散。胆小如我，能奈之何。我最期待的日子，从来不是除夕，不是春节，而是立春那天。立春那天，姑婆在房前屋后插上无数根跳动着红色火焰的蜡烛，领着全家人一人持一根大棒子在墙壁门板上敲敲打打，叫醒蛰虫，迎春接福。我对迎春接福不很在意，我只觉得老鼠或许会被这喜庆热闹的动静震晕，被这满屋子的红火所惊吓，从而抱头逃窜，再不来犯。

宁静是短暂的。在旧日乡村，孩子与老鼠的战争就像一块跷跷板，按下这头，弹起那头。不对，应该说更像是小熊推秋千，用多大力推出去，秋千很快就会用更大的力反扑回来，一个孩子的好胜心常常因此被伤得体无完肤。大人也毫无办法，他们不断更换鼠夹、粘鼠贴甚至买来老鼠药，可狡黠的老鼠，似乎永远都占着上风。

如果说"老母猪记吃不记打"，那么，老鼠是记吃更记打，谨慎的老鼠，在第一次尝试新鲜食物时，只用小尖嘴抿那么一小口，绝不过量，一旦发现不对劲或遇难，便会以尿或涎水便警告同类"此处危险，赶快逃走！"

有着极精巧神经系统的老鼠，还能把识别有害物质和对新事物的厌恶感遗传给后代，教儿女避开一切陌生的东西。

与此同时，人类的"猎杀"，仿佛成了刺激老鼠繁衍的催化剂，它们以十倍疯狂的热情繁衍后代，想在大自然的竞争中以其绝对数量上的优势获得成功。一只母鼠每年怀孕 7~10 次，每胎少则生 4、5 只，多则生 9、10 只，甚至 20 只。它们身体好得很，产后两三天就能交配再怀孕，大胆一点估算，一只母鼠一生可生 1000 只后代，更吓人的是，幼鼠仅两三个月就能生孩子。这个比人类早进化约 3000 万年、与人类基因相似度达 90% 以上的家伙，简直就是哺乳动物进化界的天之骄子：屋里有家鼠，地里有田鼠，连水里都有水老鼠，种类多达 2500 多种；从赤道到两极，它们什么环境都能适应，即使在水温高达 90 摄氏度的希腊维库拉热泉，也有一种奇特的烫鼠在悠闲遨游；欧洲还有一种仓鼠，再严寒的冬季，依然活得自在逍遥。

硕鼠硕鼠，无食我黍！三岁贯女，莫我肯顾。逝将去女，适彼乐土。乐土乐土，爰得我所。

幼时，我每读《诗经》此首，总将"无""逝"两字读得既愤恨又决绝，仿佛字中藏有千钧万力，能将一干贪婪鼠辈撵赶得一干二净。

与老鼠嫌隙渐小，我以为是在一座山巅。山巅是我与八子同窗好友云的家。高二还没放暑假呢，云就不见了，问过与云同村的同学才知，她因家生变故，不得已辍学返乡。

县城坐大巴到乡里，乡里搭运粮的手扶拖拉机进村道，一放暑假，我们便急急跟着人去往云家。人烟稀少处，村道也没了，前后踩了几溜田埂来到一座山脚下，手脚并用攀过这段陡峻山梁，才望见目的地。

一个村子，六户人家，各占一个山头。6 幢大小不一的土坯房在山峦间遥相呼应。太阳下山，鸟凛然一收翅膀的声响，让人身上的汗水瞬间蒸发。云背对着我们，先用木耙将晒天里的谷子收拢成堆，再半曲着一条腿抵住偌大的簸箕，两手奋力挥帚，将谷子往簸箕里扫。家鸡们，捣蛋鬼一群，扒散谷堆、偷食谷粒不说，还一个劲在云身边磨来蹭去，仿佛嘲笑她独木而支的狼狈，任凭云怎么"嗬曲"都赶不走。晒天一卷，磨到光亮的泥地，仿佛包了一层暗沉的浆。

饭是赶在最后一抹云霞落幕前，云自己做的。几个月前，她家一根横梁松动了，她父亲上山寻料，运回家里时，从半山腰一脚踏空，滚落山底，骨折并被尖石穿破了一颗肾脏，母亲及弟弟在医院陪护，云在家抢收抢种，料理仿佛是救命薪火的家禽生畜。四顾群山，路远水寒，瓜果蔬粮都是自产自销，权作口粮；唯这家禽生畜一年能卖几茬，换些票子应急。

天黑沉了，不见云亮灯。一屋子，三个女孩子，说话时还好，话语一停，夜仿佛一头似梦似醒的哑巴怪兽，让人心下惶惶。

村子太偏，电线没架进来；这段时间没出山，蜡烛也用光了。原来不是云节省。只是，一个人守一座山，该有多害怕呀！我与八子同时摸索着，将云的手紧紧捏住。云的手上，新磨出的水泡，硌得牙齿生疼生疼。

"没关系，多好的月光星子呀！"云的眼睛晶亮晶亮的。

"那没有月光星子的夜，要怎么办？"

"还有许多老鼠邻居呀。听，它们正'吱吱吱'叫呢！"

月光之下，许多只老鼠从容啃着不设防的红薯、南瓜，它们的暗影相互重叠，数根卷曲的尾巴就像数只互相攀扯着的小手。

鼻头莫名一酸。人生之中，恐惧是短暂的，悲哀是永恒的。比邻相生，我们又何苦跟老鼠过不去呢。

一到家，奥特曼迫不及待写下四个字：鵞、䳘、䳘、鹅，让我挨个认读。

我猜测，刚刚结束的那堂公益书法课，他的老师是从"鹅"这四个异体字开始讲起的……书圣王羲之爱鹅，发现了鹅与书法的相通之处，执笔时像鹅头那样昂扬微曲，运笔时像鹅掌拨水雄浑飘逸……

当然啦，作为一个好妈妈，我必须"苦思冥想而不得其解"，不然，

孩子哪能得到成就感的满足呢。

　　"哎呀，妈妈真是太笨了。看，一只大鸟从四面八方追着你咬，可不就是鹅嘛！"

　　"嗯，讲得好！"

　　鹅的祖先是大雁。大雁，可不就是大鸟么？这种鸟，有极强的领地意识和超凡的警惕心。集群而居的它们，有大侠之仪态，却无大侠之风骨，对所有来犯之敌，从来不讲武德，必定群起而攻，四面八方追着咬。

　　俗称家禽界扛把子的鹅，尽管被人类驯养了几千年，但骨子里与生俱来的战斗基因从未消减，人不犯我，我不犯人；人若犯我，管你天王老子还是阎王爷，两个字——"冲""杀"到底。除非自己倒地

不起或是对手丢盔逃窜，不然，在鹅的世界根本没有撤退可言。古时，有军队养鹅当报警系统，今时，有警界将鹅带入一线。

汪曾祺在《鸡鸭名家》里说，小鸡跟真正的春天一起来，而小鸭子接着就带来了夏天。印象中，搁在浅扁竹笼里、由鹅苗"贩子"挑进村论只卖的小鹅是踩着冬天的袖子进我罗家门的。

淡黄色的绒毛，砖红色的喙，圆润饱满的脑袋，清一色的杏眼小嘴，大人费好一番功夫选中的四小只实在太可爱了。捉在手里，小生命的轻微挣扎、不安拱动，让掌心一阵酥麻，连带着胸口都麻麻痒痒。我仔细挑了一大把柔软干净的稻草来装饰四小只的家。干净柔软的稻草黄，多像是冬天里暖融融的太阳光啊。

养鹅无巧，好水好草。从仙人井挑来清澈井水，倒进粗瓷碗里；精挑细选最嫩最绿的莴苣叶子，用刀切碎拌入黄灿灿的谷粒……二十天光景不到，长高长大的四小只，开始"鹅——杠，鹅——杠"地欢叫，似乎在说"主人，快让我出圈，去大池塘里自由玩耍吧"。大人如其所愿，领着它们出门。我站在二楼的大平顶阳台注视四小只的背影。背影，倾着身体，两只脚，一啪一啪，骄傲又谨慎地，走向自由地。

晚风轻吹，小鹅开始换装，四小只换上一身既保暖又防水的雪白羽毛站进一池春水里。大人说，鹅苗"贩子"实在，没骗人，说挑两公两母，这会儿成双成对都验证了。我很好奇，人与鹅，言语不相通，怎么就能分辨出鹅的公母呢？大人笑了："喏，额头有凸起大红冠，走路昂首挺胸，叫声高亢响亮，充满挑衅的，是公鹅；后脑勺长着朵娇俏小白花，在公鹅身后亦步亦趋、眉目温顺、神情害羞的小媳妇，是母鹅。听听，‘杠，杠’，母鹅被看得不好意思了，正跟公鹅撒娇呢。"

鹅的玩心，比小孩子重多了。每天早上五六点钟不到，就开始叫早，玩到夜里十点多，不吆喝催促根本不睡觉。大人每把它们圈进鹅圈一次，就会骂它们一次："多吃多占不消停的家伙，明天就该把你们圈起来，好好饿一场！"骂归骂，饿是千万饿不得的。对于一天到晚吃个不停的鹅而言，饿是酷刑，它们受不了。它们长长的脖子，像极了传说中的无底洞。

有一天，太阳都晒鹅屁股好久了，一只母鹅却怎么赶也不肯出圈，一味懒懒地趴窝里不动。我用小木棒不断敲打也不管用。该不会是生病了吧？我问。大人说，鹅婆看着娇，身子骨却一点不娇，不是生病，是养到秋天要下蛋了。

我惦记着母鹅下蛋，一放学就往鹅圈跑，丝毫没注意到旁边有公鹅在守候。"杠，杠"，公鹅扇动双翅，大声向我鸣叫，我不以为意。我就这样毛躁躁地，当着公鹅面，拿起了母鹅生养的蛋。事实证明，

祖先在天上的鹅

鹅是鸟纲雁形目鸭科动物的一种，人类的祖先在大约两三千年前将天上飞的大雁逐渐驯化成了地上的家鹅。中国家鹅由鸿雁驯化而来，欧洲家鹅由灰雁驯化而来。因此，雁和鹅在外观上是非常相似的，有点类似狼与狗的关系。不过由于长期驯化，家鹅逐渐丧失了飞行的能力。

我错了，在公鹅眼里，这简直就是作死。公鹅像战斗机一般，以迅雷之速朝我猛扑过来，对着我的手狠啄一口。手就像被锋利的锯子锯了一下，我痛得眼冒金星，鹅蛋摔在了地上。

鹅叫，人哭，整个鹅圈，乱成了一锅粥。大人循声而来，公鹅照样六亲不认，失心疯一样，嘶鸣狂叫。我不知姑婆使了什么障眼法，一把过去，居然就拎住公鹅的脖子。姑婆抓着公鹅狂抡一通，嚣张的公鹅，败下阵来。

事实上，公鹅是佯败，它一直记着恨呢。每每狭路相逢，它要不伸长脖子，高昂着头，扯着大嗓门喧哗，并对我狂扇翅膀；要不就是张开双翅，挺着身体，像移动的平板撑似的，化作一条直线朝我直冲过来，偶尔还从我的头顶飞掠而去，吓得我魂飞魄散，噩梦连连。

真是岂有此理！你的蛋是蛋，我的孩子就不是孩子了？护犊心切的大人，碰头一合计，那只凶鹅立即变成了盘中餐。为免夜长梦多，大人很快又用笼子将另一对鹅押往集市，变了现。

家中，只剩下那只母鹅了。孤独的母鹅，悄然无声，站在秋深的树下。一双杏眼接受着从树隙里穿过的细小光线，向远处的天空凝望。几枚树叶，像古老的编钟一样，挂在空中。风动，编钟发出声响，那一身雪白的羽毛，使人联想到乡村绵羊一般驯顺的大雪。

鹅，鹅，鹅，曲项向天歌，山远天高烟水寒，相思枫叶丹。小小的心里，不知怎么，涌起了大大的悲伤。我再也没能忘掉那双杏眼。

两只蜗牛

清晨一场骤雨洗礼大地。我领着奥特曼去看夏季的菜园子。

雨水湿润的土壤，格外芬芳松软。初阳在星星点点的土粒子上闪着光。流云从每一片菜叶间轻巧滑过。一片片叶子，绿得像翡翠一样。豆角杆上，一只蜘蛛在织网。丝瓜棚中，一只蜜蜂采花忙。饱饮露水的野草，弹了弹身子，活泼泼将头抬起，将两只正在睡懒觉的蜗牛结结实实摔在了地上。

蜗牛总是慢的，似乎还没有感觉到被摔的痛感，依然在螺旋形的壳里一动不动"趴歇"着，大地仿佛多出两枚稳重又别致的胸饰来。会唱《蜗牛与黄鹂鸟》、看过一些有关蜗牛故事绘本的奥特曼，显然是很喜欢这两小只的。他轻轻伸出小手，想把它们捡起，但因着日常对蜗牛习性一点也不熟悉，那只小手始终悬在半空，并不敢真正靠过去。

接纳与了解这个世界，每个孩子从来都有自己的方式和节奏，这些害怕与犹疑并非代表孩子缺乏勇气与魅力，作为大人实在不必失去耐心或粗暴干涉。我默默蹲下，陪他一起注视这两小只。

　　一只蜗牛正了正壳，警觉地将头往外探了探，两对触角多像是倒八字的长短天线啊。"妈妈，看，那对长天线上有小黑点！"奥特曼像发现新大陆一般叫唤起来，很快，又用小手将自己的嘴巴紧紧捂住。"别担心，宝贝，蜗牛是没有听觉的，说话声吵不到它们。小黑点其实是眼睛。只是蜗牛视力很差，看东西只有明暗之分，毫无美丑分别。人们管'长天线'叫'眼柄'，又或是'导盲杖'呢。""那短天线又是什么？""蜗牛主要靠气味分辨方向，短天线布满蜗牛的嗅觉'触须'，你可以叫它'导航鼻'。"

　　园中的水雾还未散去，空气很是湿润。那只探头探脑的蜗牛似乎已确定周边没有险情，它将壳里的身体全部舒展向外，腹足一步一挪，爬向了之前那株野草所在的地盘。野草之上，有一株黄瓜苗，藤蔓处结了个小小的黄瓜，那是它垂涎已久的早餐。

　　在奥特曼看来，除了壳，蜗牛的每一处都是那样柔若无骨，怎么会跳过好啮咬的叶子而去挑黄瓜这样难啃的"硬骨头"当早餐呢？他表示不解。我笑了笑，说，因为现在还早，蜗牛有充足的时间，自然要挑更"爽齿"的当餐点；太阳一旦强烈，就要慌不择食啰。

　　看上去柔软的蜗牛，是这个世界上牙齿最多的生物之一。只不过，它们的牙齿，全都长在舌头上，有135排，每排100来颗，总数达10000颗以上。因为这些牙齿的存在，人们干脆就把蜗牛的舌头叫作"齿舌"。看上去，蜗牛是用舌头舔食食物，其实是靠牙齿刮蹭食物表面，使之磨成碎片再粘入口中的。此外，它们还有第二法器——唾液，蜗牛的唾液是酸性的，可软化食物，食物表面一软，要刮下来根本不是问题，牙口好到可怕。

　　堪称万能的蜗牛体液，能在休眠时封堵壳口以便抵御敌人袭击，是保护蜗牛在任何锋利之物上爬行的软甲。蜗牛一方面通过体液的润滑作用减少爬行时对身体的损伤，另一方面还能不断分泌出一种外壳修补物质，一风干便成为蜗牛新的壳壁。对蜗牛感兴趣的朋友可能看过它们在刀口爬行的视频。

蜗牛对湿度的要求很高，害怕太阳直射，因为那样会让它们身体内的水分迅速蒸发。对蜗牛而言，最适宜的生长温度是 16~30 摄氏度，当温度低于 15 摄氏度或高于 33 摄氏度时，蜗牛会休眠；低于 5 摄氏度或高于 40 摄氏度时，则会被冻死或热死。

当阳光斜照在我们身上、产生温暖又斑驳光影的时候，另一只一直处于休眠状态的蜗牛开始苏醒。它用两对触角左探探右探探，很快锚定刚才那只"吃瓜"蜗牛爬行的方向爬；而"吃瓜"蜗牛呢，早已抹抹满足的嘴，松开紧抱着的黄瓜身体，往下爬了。想来，两小只要抢在日上三竿前回到湿度宜人的家啊。蜗牛的家，有时在树叶底下，有时在石头缝里，有时安于湿土之中。

在强烈的阳光面前，蜗牛似乎脆弱到一碰就碎。它们努力爬行的样子，总使我想起小时候用食盐浇在蜗牛身上的罪恶来：一把盐撒下，发出"滋啦滋啦"的声响，可怜的蜗牛很快变成了一摊水。

横向排列的腹足肌肉，从后向前，交替收紧"抬脚"、放松"落脚"……这一路，两小只的躯壳已经损失过半，但它们除了在有阴影的土地上停下一会儿外，没有半点迟疑地继续爬行，管它是短跑跑道，还是漫漫长征，蜗牛们如此渴望用不屈的生命力得到自然的尊重，通过自然的筛选，好好地活下去。

蜗牛身后，它们的体液痕迹渐变为一条几毫米宽的银线。银线曲里拐弯地蔓延着，仿佛腹足之下有万千细小的波浪在起伏。多么遗憾，一只小鸟从远处的树上飞来，一只蜗牛就此成了鸟儿的盘中餐。剩下的那只，是蜗牛爸爸，还是蜗牛妈妈呢？奥特曼问。他多么希望留下

的那只是"妈妈"啊，这样就可以养育更多的蜗牛宝宝了。当我告诉他陆生蜗牛雌雄同体、每一只既是爸爸也是妈妈、都能产卵时，他直呼神奇。

尽管蜗牛可男可女，是男也是女，但它们一般情况下不会自体繁殖，因为自体繁殖会导致基因衰退，生出的幼体体质较弱，从而降低种群的适应能力。蜗牛的生殖孔长在背上，有个优雅的名字叫"恋矢"，又叫"爱情飞镖"。恋矢和壳一样是钙化的，会断掉，也随时可以再生。

蜗牛的产卵能力和体重挂钩，身越强体越壮越能生。一只普通蜗牛每次产卵一百来个，每分钟大约娩出两个，白色的蛋，像石榴籽一般密集团在一起。与蛇宝宝一样，蜗牛宝宝也在卵中发育成长。两周左右，蜗牛宝宝用头撑破蛋壳，然后啃咬蛋壳补充能量，直至身体完全爬出来。

刚出生的蜗牛直接是长有母体赐予的胎壳的，一孵出就会爬动和取食。为长大并保证身上的壳持续坚硬钙化，它们只能不断寻找含钙丰富的食物，其中就包括菠菜类农作物，最后集体沦为菜农们的眼中钉、大害虫。

可爱的蜗牛居然背负害虫的命运，奥特

　　曼轻轻叹了一口气，之后，仰头问我，可不可以让奶奶多种几垄菜？那种轻轻的仰望，写满赤诚的期待。

　　我轻轻点头。冉冉升起的太阳散发出动人的光芒。

| 辑二：人间草木

芦花白

秋冬的鄱阳湖，水干枯了，生命的寒意在那小河般的蜿蜒里显露无遗。然而，蜿蜒之势的两旁，却生长着无边无际的芦苇。

芦苇，一丛连着一丛，一片连着一片，似水，如竹，朴素洁净，坦荡高贵。苇叶是温暖的黄，芦花是轻柔的白。太阳光洒下来，一群水鸟扑棱翅膀从芦苇丛飞向天空，整个湿地活泛起一种生命明亮的美。

　　一阵风起，芦浪翻涌，芦花悠悠，那些游荡的白色精灵，在"我"中穿行，每一个细节都在展示饱满的力量。没有谁可以驾驭风的走向，芦花的命运注定"随风而逝"。但这又有什么关系呢？不问西东，顺天适性，该努力生长的时候就努力生长，该抽穗扬花的时候就抽穗扬花，该零落成泥的时候就零落成泥，只要美过、葱茏过、奋斗过，作为生命，足够了。何况，每一个逝处，其实不都是生命重新开始的地方吗？看着吧，只要根下有一点儿湿土，下一个春天，定能"噌噌噌"地长出一片新绿。这么多的芦苇，每年开了谢谢了开，多像一茬茬青春的孩子，敢爱敢恨、敢闯敢试。我多想自己也是它们当中的一株，怀揣梦想，无所畏惧，从熟悉跑入陌生，从白天跑进黑夜，从近处跑向远方。

　　夕阳敛去光线时，有鸟归巢，在芦苇丛折腾出不小的动静。只是，我始终都没听到芦苇的声响。这是一种不出声响的植物。世间的寂寞，异语的聒噪，风雨的磨砺，它一直都在默默忍受，永远是那般细腻修长。当遭遇外力不得不弯曲成一根弧线时，它依然可以依赖内心的韧

性挺拔如初。于是就有了傲然风骨，像极了旧时光里儒雅的文人，不曲时阿世，洁来洁往，靠一己才学，立命安身。

一朵芦花落在我的袖子上，毛茸茸的。又一朵芦花亲吻我的脸颊，虚无柔和的气息从脸上到脖子到心脏。气息向下，一些往事却漫过记忆，从岁月深处涌上心头，世间跋山涉水的悲壮以及悲壮之后难以言喻的柔情交织在一起，宛若强大电流在袭击，我难受得几乎要哭出声来。

当遍野金黄被一把把镰刀收割干净，幼时黄昏水渠旁，那几簇撑到深秋的芦苇，成了水的骨头。山寒水冷的世界，本就是瘦骨伶仃的可怜人了，造物主偏偏还要着意去渲染那一份骨感，小小的心，谁会愿意去喜欢支棱在渠首边的那几丛芦苇呢？

我假装看不见芦苇。我只看到又圆又大的夕阳。我对着夕阳挤眉弄眼，仿佛多挤几次眉多弄几下眼，远山那一片云就会以最快的速度苏醒。醒了的云拽着热烈的红满天空地跑，一圈两圈三圈四圈……世界，开始重新热闹起来。身边的母亲却一直很安静，即便我着意提高了跳跃的频率，她也始终保持秋的表情。

母亲怕是不喜欢夕阳的，她的眼里只有那些芦苇。对芦苇看不够的母亲，每一次，都会把最沉默的那一枝带回家。"最沉默"是我的说法，我觉得它把头垂得最低，最想亲吻沉默的大地。

带回家的芦苇，一天一枝地，全被母亲安插进了那只泛着温润光泽的大瓷瓶里。那是父亲出差景德镇时，特意买来送给母亲的。父亲在外地工作，一两个月回一次家，回家时总带给母亲礼物，有时是东北的皮靴，有时是上海的面油，有时是杭州的丝绸，而最中母亲意的应该就是那只瓷瓶。母亲把瓷瓶摆在梳妆台的旁边，每天把它擦得锃亮。

用途丰富的芦苇

芦花是植物芦苇的花。芦苇，别称蒹葭，是多年水生或湿生的高大禾草，是湿地环境中生长的主要植物之一。芦苇的根状茎十分发达，秆笔直高大，叶壮梗粗，高度能达到 3 米。古时人们就用芦苇入药、盖房、造纸、制作扫把，还用芦苇的空茎制作成乐器芦笛。

　　插进瓷瓶的芦苇再不是水的骨头了，它仿佛会变魔法，不仅是把它自己，连带着把整个世界都变得无比蓬松柔软。看一眼芦苇，再看一眼母亲，我似乎一下就跌进了梦境。梦里，到处都是怀抱，比乳房还要丰盈多汁的怀抱。母亲也渴望那样一个怀抱吧，或者母亲想在梦里送给父亲那样一个怀抱。

　　其实我也是无比想念父亲的。思念快要把胸膛撑破的时候，芦苇也把瓷瓶插满了。我慢慢发现一个秘密：芦苇把瓷瓶插满时，父亲一准回家。这个秘密使我的心"怦怦怦"地跳过好几回，每次母亲带我们去渠首边折芦苇的时候，我就跑得远远的，我怕母亲窥破这个秘密。因为当秘密不是秘密，日子便无所期待了。无所期待的日子未免也太不好玩了些。

　　回家的父亲把我和弟弟挨个高高举起，清脆的笑声在他的头顶打着转，向屋瓦向天宇漫散。回家的父亲把母亲紧紧搂在怀里，之后，帮着母亲把瓷瓶里的芦苇一枝一枝取出来，扎成一把结实的扫帚，扫去人间万般愁。尘障总是越扫越少，路也会越走越宽。几年之后，父亲买了房子，将留守乡间的母亲及我们接了去。那一刻，瓷瓶最空，母亲的心最满。那一刻，因为母亲脸上的熨帖，我无比欢喜起故乡水渠旁的芦苇。

与父亲团聚了的母亲，执意让瓷瓶空着。

母亲将瓷瓶送给我，作为嫁妆的一部分。母亲的心意，我懂，所谓岁月静好，莫过于心被爱填满而瓷瓶空着。很多次，我其实很想跟母亲交流一个看法：这世上，最有意味的清供莫过于一只插上几枝芦苇的瓷瓶。但是，我忍住了。不想让母亲忧心，我便一直空着瓷瓶。

多年以后，当我行走在吴城这条著名的水上公路时，我在想，该如何向母亲形容眼前所见的芦苇？不是一枝两枝，不是一簇两簇，是铺天盖野，是辽阔无边。我又该如何向母亲启齿——她的女儿，一个年届不惑的女人，心里有颗文学的种子正在不管不顾地发芽，她正被不可知的远方所吸引，她要打破现世的安稳、离开熟悉的县城去省城工作？一切从头来过，她其实也很担心也会害怕，究竟自己有没有足够的气力去折腾，带给爱人、孩子的，究竟是幸福还是忧愁？

芦花两岸雪，江水一天秋。"逝者如斯夫，不舍昼夜！"生活是流动的河流，唯流动才能生生不息，我终究还是迈出了去往省城的那一步。我、婆婆、孩子在省城，爱人、父母在县城。空着的瓷瓶，在离开家的时候特别醒目，像生活被撕裂的那部分，使人不忍直视。我便在摆放瓷瓶的正上方墙壁上挂了一幅风卷芦苇的图画。爱人端详画许久，告诉我："放心吧，所有的春天都是从芦苇开始绿的。"这句话，使我流了许多幸福的泪。我想到了另一幅画——波提切利的《春》：水星神指引生命最珍贵的美、春、爱向无终的大路上迈步前进，虽然生命的仇敌——西风——在后面追捕，他们仍旧勇往直前。孟实先生说此画可叫《生的胜利》。生的胜利！

　　熟悉的、陌生的；艰辛的、幸福的；失去的，收获的。芦苇所经历的，我必将经历。当一切慢慢走上正轨，母亲那颗悬着的心终于可以放下了。是的，母亲，放心吧，漫卷芦苇的长风从来不是困厄，它应该是梦想。浩荡长风，自由，勇敢，无惧无畏。大凡被长风培育过的事物，都跌宕而柔韧、蓬勃而绵远。

　　　　我曾经失落失望失掉所有方向
　　　　直到看见平凡才是唯一的答案
　　　　当你仍然还在幻想
　　　　你的明天 ViaVia
　　　　她会好吗还是更烂
　　　　对我而言是另一天
　　　　向前走就这么走
　　　　就算你被给过什么

向前走就这么走

就算你被夺走什么

……

此刻，芦苇地的长风在《平凡之路》的歌声里起承转合。

蓼花红

前段时间，喜欢上了看画，西方的，中国的；古典的，现代的。
整体感觉是，西方画长于人物、静物，余下以事或风景入画的那些，

画面大多也静穆，仿佛画成的那一刻，时间是停止不动、凝固在眼前的；而中国画多山水，空间感很强烈，哪怕是画花鸟虫鱼等物，也着重"弦外之响"，尽得留白之风流。这也许与东西方审美差异有关，西方的精神危机来自空间的广场恐惧，便愿以时间之静去破空间之哗；而东方的精神危机源于时间的岁月悲哀，所以常用空间之远来救光阴之逝。

视觉的饱和使得灵魂饥饿起来，我便上网淘了几幅小画。买回家，才发现许是自己真中了鄱阳湖那场盛大花事的蛊，喜好近乎有些偏执了。看看，好几张都有蓼，比如仿花鸟画名作的《红蓼水禽图》，仿宋徽宗赵佶的《红蓼白鹅图》及仿齐白石的《红蓼群虾图》。

去岁秋天，余干县康山大堤附近的鄱阳湖湿地成了"网红"，一场花事在我的微信朋友圈口耳相传。像一大群人一样，我也欣喜地赶了这场热闹：青葱的长枝；圆熟的叶子；细碎的花儿，使人惊心动魄的原是一坡密密匝匝的红蓼啊。这些蓼花，亦红亦紫，蕊心透丁点儿白，若染了喜庆的米粒。它们挨挨挤挤结成曼长、丰腴的穗状。低垂的紫红花穗，一穗接一穗地，从我身边倾泻而去，以谦逊又桀骜的姿态，一路向北，怒放着心中的壮美。仿佛一匹只应天上有的灿若云霞般的锦绣，又宛如从地心深处长出的一片熠熠生辉的星河。

春来发芽绽叶，夏秋开花结果，又被称荭草、水荭的红蓼，多半临水，生命力旺盛，在我们家乡随处可见，是很野性的花。许是受其花穗形状的影响，我们打小就叫它狗尾巴花。狗尾巴花，狗尾巴花，喊叫起来，是叫唤农村最寻常女孩小名般的随意；狗尾巴花，狗尾巴花，田园里只要长出来，大人便会下重手毫不留情地拔除，认为这没啥用的东西太容易纷生侵占土地，且叶片上还带着涩涩的茸毛、辣味刺激，煮之作食，猪牛都避得远远的。尽管大人的许多"不待见"其实并不能真正影响小孩子对世间万物的欢喜，但那时的我，却也真不觉得红蓼有多特别，有多妍美。

孩子的世界是至美的世界。在孩子的眼睛里，春夏秋冬，每一天都是色彩斑斓的，每一刻都是生机勃勃的；万物都等着他们去发现、去观摩、去探究、去接纳，他们完全趁着一时的兴会做事，每一个都是那"一路捡芝麻丢西瓜"的小猴子。于孩子，捡芝麻丢西瓜才是正常的，看到一个西瓜就停下脚步再不向前的猴子是称职的猴子吗？是有探索力、好奇心的猴子吗？"江南江北蓼花红，都是离人眼中血。""燕子矶头红蓼月，乌衣巷口绿杨烟。"认为红蓼不寻常的，从来都只是那些悲秋伤怀的诗人、托物言志的画家和装满离愁别绪的大人。孩子根本感觉不到秋的萧瑟悲凉，体会不了红蓼深处所谓的人情冷暖、世事无常。

紫红一片，杂以青绿，红蓼花海如此强烈的颜色，对所有到来的人显然是一种不可抵御的引诱。男的女的，老的少的，穿红的着绿的，丢开文雅与村俗的禁锢，尽情释放他们内心的天真之气。他们或雀跃或打滚，仿佛要在中规中矩的生活中掀起另一种狂澜。我起先也这样雀跃着，兴奋着。跳进相框也好，一旁闲望也罢，领受了，心生满足，总是可以叫自己兴高采烈好一阵子。这没什么不好。

　　当太阳下山，喧嚷的人群各自离开，湿地又恢复它本来的清寂，有如歌残筵散。天地辽远，气温微凉，美的事物总会有某种无端的寂灭，这种悲剧意味使花海成了一个巨大的道场。个体作为理性生命的骄傲与荣耀消遁，作为有限个体的渺小、卑微无奈凸显，我头枕双臂，仰躺草洲，睁开眼睛看天上的流云，宗次郎的曲子《故乡的原风景》

开始在心里盘旋。陶笛的空灵裹挟如梦似幻的雾气飘飘荡荡，这雍容、质朴，与土地、河流、星光、候鸟浑然一体的花海，使我觉得生命中所有关于梦想、生机和道路的谋划都不堪一击，虚无感油然而生。我陷入一种悲情无法自拔。

还有过一次。七月的一个夜晚，乘船到鄱阳湖巡查，万里无云，月明如水，四周的水域空漾澄澈、一望无际。江风在天地浩荡，船犁开的白浪像银线在轻轻翻涌。甲板上站着许多同事，我却觉得天地只我一个人，心里生起人间极乐的景象，非常喜悦，却又感到一阵渺小与寂寥。有天，读孟实先生的书，看到他写到：他在北海的白塔眺望北平城的楼台烟树，看到西郊的远山和将要下去的红烈烈的太阳，想起李白的"西风残照，汉家陵阙"那两个名句，觉得眼前境界苍凉而雄伟，感觉到自己的渺小。他说这和想长生的道理一样，都是对于生命的感慨与执着，是为着活着时的一点快慰。原来我只是太爱这鲜活的人生了。

如此看来，红蓼在我心里便是极致的美了。如此看来，我便再不是没心没肺的孩子了。

十分秋色无人管，半属芦花半蓼花。生命里的秋意，浓了。

清明问茶

茶是中国国饮。多数"骨灰级"茶饮爱好者讲究"茶禅合一"：一杯茶、一啜饮，慧眼观世间万象、禅心悟人生百味。而我，对茶，始终不敢说"品"，生怕一说就将自己那浅薄底子给露了。偶尔端起茶杯，也只为解渴去乏，着实惭愧得紧！

老家有茶山，为白茶基地所在。隔着车窗看过去，一座座山更像是一只只羽翼伸展又匍匐无声的大鸟。公路，坚实，开阔。汽车宛如林中之鹿，这边一拧，那边一拐，茶山就此绵延。

这茶树比膝盖略高些，历经了一春阳光雨露，枝头早已布满清新生动的绿芽和风韵十足的卷叶。一阵细雾轻云淡去，竞相舒展的株株茶树与那穿行垄间的采茶少女相互映衬，别具一番含蓄灵动之美。恰巧天公放晴，在一束束鹅黄阳光的照耀下，茶园里到处充满着草木生长的力量，一如我们年少时许下的梦想！

沿着茶垄往里走，红尘里的喧嚣之声渐行渐远。"茶山层层入云海，采茶姐妹似天仙，茶仙本是茶山女，茶女传香遍人间。"我听见了清亮亮的山歌！歌声如溪水般清澈透亮。没有修饰的歌声，漫山遍野，在高低浓密的茶树中冲过来，撞过去，如此荡人心魄。

透明的玻璃杯中，一撮清明前采下的绿芽嫩叶安静躺着，如春日阳光般慵懒。那一抹欲语还休的沉默总让我不由想起，前朝江南里那

些潮湿的心事。窗外，斑驳的阳光不遗余力地投影在玻璃杯上。一股沸水注入，空气中弥漫着热汤的氤氲。嫩绿的芽叶在杯中隐忍坚定地旋转，随水的冲续或沉或浮。终于，一根根地，芽叶儿都立起来了，优雅得就像当初我在茶园初见它们时的模样。也就在这一瞬间，一股白茶特有的清香扑面而来，顷刻，便钻进我的身体，浸染我的心神。再看那茶汤，已是碧绿清透，如珀似玉。忍不住，喝下一口，醇香甘甜，很是安抚我这俗物心肠。

这茶是累了么？散尽清香后，它们只顾着以各式形态依杯底而躺，再不肯看我一眼！我在向阳的茶几上，细细端详茶的样子。我盘腿坐于茶的对面，不言不语，享受着《见或不见》那空灵淡雅的曲调和叩响心扉的忧伤：

你见或者不见我

我就在那里

不悲不喜

……

也许，从来佳茗似佳人！也许，佳茗从来如君子！也许，茶只是茶！采或不采就在那里，念或不念不悲不喜，懂或不懂不亢不卑。它大雅若朴，无论你是文人雅士还是贩夫走卒，无论你是品味人生还是解渴去乏，茶始终隐匿于青山绿水间，濯日月精华，吸天地灵气，遗世而独立！茶即便附世也不为弄雅，即便入世更不为繁华，它只负责对春天记忆的收藏！至于世人所赋种种，只关乎品茗者的心境和念想，与茶何干？

今后，我想我会开始每天留一段时光来喝茶，管他大口大口喝，还是小口小口呷！

湖草青青

春天的鄱阳湖，水浅如湾，阳光一暖，草便从湖底铺展到了天边。

湖风吹过，层层绿浪，一起一伏，沙沙声中，极自然地就把太阳和泥土给沁绿了。我在这一片浓俨之绿中，失魂落魄，想不起来要做些什么，只好依着草的长势不停打滚。打得累了，便在这日头底下，仰面一躺，待草香味儿徐徐一醺，闭上双眼，仿佛一觉跌进了水乡深处。

依稀梦里，闻到水菊子粑的清香。这由水菊子草汁和米粉揉成的小米粿，一个个或掺糖或包馅，摆放在鄱阳县解放街一家茶铺的柜台

上。水菊子粑碧绿滚圆、冒着热气的样子，着实诱人得很。

水菊子是鄱阳湖草类家族中的小字辈，形如菊花，花朵纤巧，蕊色明黄，叶片柔嫩，每年开春，必着一身灰绿的、毛茸软衣裳，匍匐在湖边湿地，仿佛娇憨顽皮的渔家女娃娃。只要水分充足，土质肥沃，水菊子的生长就会特别茂盛。它有许多的别称，《本草纲目》里，李时珍唤之"米曲"；又因叶形如鼠耳，北人呼为茸母，还有地方叫它清明香。但我总觉得还是鄱阳人给它取的名字最恰当，有形有色有地理有乡情，宛如喊自家孩子般亲切。清明时节，取其嫩叶，焯水，挤出叶汁，和在米粉里做成粑，入味甚香。

甜的、咸的，各买一个，边吃边沿老街行走，颇有人世沧桑、滋味绵长之感。

这条长度最长、历史最久、商贸最见繁华的正街，自东向西，横穿了整个鄱阳镇。寺庙、城楼、祠堂、民居、巷弄，或气势磅礴，或小巧精致；"丝绸之路"的起点正是它的河码头，景德镇的瓷器、江西的丝绸、江南的茶叶必从这里小船驳大船，经饶河、鄱阳湖、长江运往世界各地。

解放街分上下两节，东门口是节点，东边是上节街，西边为下节街，坚硬的长条麻石铺砌的街面，犹如一条干净的溪流汩汩向前。"十里长街半边商，万家灯火不夜天"，是宋代至解放时期这条商业街的真实写照。

沿街大都是青瓦盖顶的两层木质楼，前做铺面后住家。伸进街面的屋檐，是脱帽鞠躬的温良绅士，装饰很少的铺面淳朴得又像个敦厚的渔者、樵夫。商铺有些是本地人开的，但大多分属徽、抚、南、饶四大商帮，其中，最有烟火气的当属茶馆，涌金泉、长三园、一品香、和春园、聚仙楼等等，贩夫走卒、达官显贵，蜂拥而来，胸中暖意在，口中有茶香。

姚公渡、架木棚、瓷器巷、王家河、打油巷……这些由铺面不断伸向街市深处的巷弄，经营着渔猎、竹木、瓷器、寿材、榨油、雕刻、打铁、裱画、乐器、纸扎、裁缝、酿酒、屠宰、餐饮、理发等百十种传统手工艺，构筑着精微又庞杂的市井生活。在解放街八十余条巷子中，最著名的非最东头的筷子巷莫属。筷子巷坐落在乐安河与昌江水交汇处，明初江西大移民从赣南、赣中、赣北齐聚于此，从这里上岸，再到瓦屑坝，分期分批乘舟远走他乡、散落天涯。中国很多地方都有筷子巷，从某种意义上说，这是移民后裔共同的乡愁。

身后传来嘈杂的脚步声，居民行色匆匆，叫嚷着解放街要拆了，得搬家了。他们收拾金银细软，打包衣衫被褥，整理锅碗瓢盆，巷巷弄弄到处弥散着一种离别的气息，空气也变得沉重起来。

转眼黄烟起，解放街轰然倒地、化为灰烬，再不见西洋风格的百年老字号张致和药店了，再难闻郭西庙从唐宋年代永平监造币厂传来的一串串铜钱相碰的金属声了。在街的最西头，突兀仅存有一间老房子，青苔蔓延，朱漆剥落，阶前挪走的光阴随尘埃没入泥土中。一位耄耋老人卷起长袖、撩起长衫，专心致志做水菊子粑。"水菊子花，做粑粑，又好吃，又好拿，清明果，送你我，祖宗见了乐呵呵。"他

说，"清明了，要离开祖居地了，其他的留不住，做一顿水菊子粑吃，在舌头上留点念想也是好的。"老人揭开锅盖，夹了一个放到我手里。我吃了，香是香，糯是糯，却再也不是之前在解放街吃到的那个味了。

"一碗汤里喝尽一个时代的味道，一只枇杷也许是一个永远不再来的夏日。"纪录片《舌尖上的中国》里的这句话，让人如鲠在喉却又没有化解之醋。很多东西似乎很容易就在这明媚的春光中被消失，我在惆怅之中醒来。

天地自然赠予了人类各种食材，百姓用民间智慧创造带有地方温情的小吃，仿佛乐府民歌，延续的是文化的血脉，反映的是人与食物的终极宿命。但，我们文化血脉的延续，我们心中关于美好生活的向往，从来不仅仅只在食物中。

解放街上，茶馆里热气腾腾的茶水，柜台边清香袅袅的水菊子粑，喧喧闹闹倾听字正腔圆饶河调的人群，体现的是一种比食物更齐全的世俗美好，毫无遮拦地抒发着一种关乎市井人生也关乎所有乡愁的民间情感。当传统与情感无所归依时我们去哪里安放我们的身心？生命的延续、文明的传承只有自然的道场是远远不够的。

好在，离开时，鄱阳人告诉我，解放街是要重建的。

风吹湖草，希望在心中涌动。

知识小档案

美味的水菊子

水菊子，其实学名是鼠曲草，又名佛耳草、鼠耳草、清明菜等，属菊科鼠曲草属，是一年生的草本植物，高 10 至 40 厘米。每逢春日，人们会采集这种草的嫩芽制成粑食用，这已成为寒食、清明时节的风俗。

野菊花

　　如果用一个字来形容"秋"，我会选"空"，与"满"对应又相伴相生的"空"。

　　大豆、花生、番薯、稻子，一茬茬收获，层层叠叠的房子，层层叠叠的竹匾，晒秋之后，粮仓是满的，土地是空的；大雁、天鹅、白鹤、东方白鹳，一批批迁徙，挨挨挤挤的叫声，挨挨挤挤的部落，候鸟飞抵，湖区是满的，天空是空的。

　　红的枫、红的柿、红的椒，黄玉米、黄南瓜、黄谷粒，农民将季节收进箩筐，箩筐色彩是满的；而坐在广袤田畴的石头上抽烟的那颗心，是空的。我长期生活在江南，看惯了江南的草木，当我一脚一脚，沿着蜿蜒山路、踩着台阶登上慕田峪长城时，秋风，满山满岭，而人生过往，似乎转瞬成空。

　　我觉得自己陷落在另一个时空里，直到听到水声。有些意外，北方，通往广袤苍凉长城的路上，居然会有叮咚清绝的溪水，在错落的圆润石子间流淌。沿溪而上，榆槐早已失了葱绿，杨柳也萧萧不见婆娑，唯山坡一侧开着团团簇簇的小朵。茎枝匍匐生长，绿茸茸的叶片

布满柔毛，花盘金灿灿的，很像是一个个缩小版的向日葵，纷披的花瓣儿一如小孩子的长睫毛般鲜活灵动。是遍生郊野的野菊呀。

　　世人都知陶渊明爱菊，却鲜少有人注意到古人与野菊结缘其实远早于陶渊明。东汉时期的《神农本草经》中这样描述菊花：味苦，平。治风头眩、肿痛、目欲脱、泪出、皮肤死肌、恶风湿痹。久服利血气，轻身耐老延年。一名节华。生川泽。此菊花，即为野菊。当然，这并非我主观臆断，而是南北朝时期陶弘景给出的结论。

"菊有两种，一种茎紫气香而味甘，叶可作羹食者，为真；一种青茎而大，作蒿艾气，味苦不堪食者，名苦薏，非真。其华（花）正相似，唯以甘苦别之尔。"陶弘景在《本草经集注》里正式给了"味苦"的野菊区别于其他菊类的名分：苦薏。

苦薏，苦亦。强调的是野菊入药时的滋味。苦薏？苦亦！良药苦口利于病。人活一世，有几个不是以苦中作乐之精神，支撑自己走向苦尽甘来那个未来的？多少年了，下岗后的我的老父亲，为了每月5000元左右的薪水，辗转他乡，满心骄傲又满身孤独地，苦苦打拼着。我劝了许多回，也没能将他劝回。他说只要身体可以，他要用一辈子努力，换得妻子儿女更好的生活。父亲所在的小城，没有机场，不通火车，也少有省际直达的客车，每次，好不容易攒足两个月的假回趟家，却总像是在打一场无声的恶仗。我深深心疼父亲舟车劳顿之苦，却更惊讶于父亲满心愉悦之态。看吧，每次回家，父亲的笑脸，从始至终都是熨帖温暖的，多像是一朵总在亲人视线里昂扬绽放的野菊！

辗转他乡的父亲，不工作时，身边连个说体己话的人都没有，他总爱一个人去公司后面那座朝家方向的山上转悠。像一棵驻守在荒原里的树，时而高兴，时而忧愁。有一天，父亲发现山边田埂处，突然零星散落着一簇簇的野菊，明晃晃的，黄澄澄的，看着看着，就像是看见了千里之外亲人们的笑脸。父亲听当地人说，这种野菊泡茶最是清火，填入枕头最是清心，就漫山遍野开始寻觅起来。父亲将野菊一朵朵采下，洗净，蒸馏，晒干。因着我打小爱吃油炸食物又整天对着电脑，父亲把自己用心晾晒的一季秋的成果一股脑儿全给了我。

玻璃杯中注入开水，一朵朵野菊，伸展，悬浮，膨胀，将岁月的光与影，用暗香撑得满满的。只是，有满处，总见空，一双卸下情感洪流的眼睛，难掩空漠。世事苍苍，山高水长，我一点也看不清，父亲脸上究竟多长了几条皱纹，头上多长了几根白发。

登城隘口，遇见一位老者。老者白衣，白裤，白发，白眉。着一双布鞋，持一柄折扇，向风而立。太阳闪烁，群山、田野、河流、草木、人群瞬间有了无边佛性。倚靠灰白厚重的城墙，我长久地凝视老者的侧脸，及他侧脸后面所有的庞大。慕田峪，沉默。而沉默，放在天地之间，时常就会产生出巨大的消亡魔力。苔痕寂寂，石块苍苍。很多东西瞬间被沉默抽空。我以为，眼前这个不说话的老者是历史的分水岭。历史在他那边，我在这边。

我登上了长城。我在长城的残垣断壁间行走。我在长城古旧的砖块上坐下。眼前的长城，不再有历史烽烟，不再有白骨离愁，城头变幻的若干旗帜也不见。因为一簇野菊的存在，我在心里，赋予长城一个全新的形象，就是《山海经》里头，那个既管着落日也管着秋收的名叫蓐收的秋神形象。

一片碎瓦滚落脚下，发出浑厚声响。我平静地弯腰拾起。瓦片之上，是被风吹落的野菊花。我想起了顾城《门前》里的几行诗句：

我多么希望，有一个门口
早晨，阳光照在草上
我们站着
扶着自己的门扇
门很低，但太阳是明亮的
草在结它的种子
风在摇它的叶子
我们站着，不说话
就十分美好

木槿 开又落

　　"夏至到，鹿角解，蝉始鸣，半夏生，木槿荣。"夏至这天，吃木槿粑，是姑婆在世时我家的一个小传统。

　　天刚蒙蒙亮，姑婆就穿着长衫套鞋、拎着小竹篮去了南山岭。南山岭不是岭，是我们村的大菜园子。姑婆早年在此开辟菜园时，有意选用木槿做的树篱。她总说，这种落叶灌木，高不过三四米，折枝扦插，好存活得很。

木槿树篱初成那会儿，样子实在很普通，除了密实，我并不觉得它有什么特别。只是，五月一过，心里便着实有些吃惊了：篱上枝枝蔓蔓，竟顶出无数个青褐色的小花苞来。小花苞儿，鼓鼓

胀胀，一派生机涌动，整个菜园便显出迎接新生儿般的喜悦与喜庆来。

一夜夏雨浇灌，满树满篱的绿色萼片上，小花苞儿，次第开放。初时，那破茧而出的小尖尖，带点玫红；过几个时辰，小尖尖长长长大，渐渐爆出五朵花瓣来，每瓣左右相叠，仿佛秋千起飞处，听到墙里佳人与墙外行人相互打探，"咯咯咯"地笑；完全盛放后，花瓣底部颜色由玫红变成紫红，花瓣其他部分的颜色，或为浅粉，或为浅紫，或为纯白，且颜色随瓣体的放射状纹变得越来越浅。这些花，罩钟一样的外形当中，生出一根淡黄色花蕊，花瓣摸起来如绸缎般光滑。太阳映照，附着其上的雨珠，一闪一落，便将整个童年，映衬得斑斓若梦！

木槿夏秋而华，朝生夕陨，生命的美好似乎只有一日之荣。但它不以为意，一点也没沾染盛夏的狂躁与不安，而是以坚定不移的姿态和绵延不息的内力，日日攀上枝端，用最平静的心态承接雨露阳光，温柔地坚持着属于自己的小小绽放。韩国因其"日新之德"尊之为国花，别名"无穷花"。

回到家，姑婆用井水净了净手，挪把竹椅子在后院坐下，开始理小竹篮里的木槿花。择去绿色萼片及淡黄色花蕊，只留下绸样柔嫩的花瓣，一朵朵，搁在白瓷盘里；再用井水将花瓣上的露水抖落干净；

最后，将花瓣一缕一缕撕开，和进鸡蛋米粉糊里。我欢天喜地在厨房烧火，姑婆在柴草大锅里烙出一张张焦黄酥软的木槿粑。近水楼台先得月，我时不时放下火钳，眼明手快地将灶台上刚烙好的木槿粑丢进嘴里，如小猪八戒般囫囵一嚼，吞进肚中。那样，一整天，我满嘴满身都是野花、晨露、炊烟，甚至清风明月的味道了。那味道，化作舌尖乡愁，成为接引我回家的路信。

正月的藜蒿、四月的清明粿、五月的益母草、六月的咸鸭蛋、七月的豆粉麻糍、八月的花生饼、深秋的倒蒸红薯干……在物资相对贫乏的年代，仿佛每个时令，姑婆都能轻易寻到大自然的各种馈赠，并做成美食，温柔慰藉孩子饥饿的肠胃。我时常感慨姑婆的心灵手巧，也曾听父亲讲过他的童年愁苦：六岁丧母，跟随新寡的姑姑（即我的姑婆）在异乡生活；异乡生活，没田没土没工作，全靠姑姑卖手工绣品及油煎粿子的收入聊以度日；家里穷，正在长身体的自己总是没办法遏制因馋别人家肉香饭食而频繁发生的咽动……少年拼命想要回避的咽动，是一把锋利匕首，仿佛能将天上的月亮割伤，能将天上的云朵划破，姑婆的鼻子常常无可避免地跟着少年的咽喉一起不停耸动。

鸟在树上啊，花在枝上；蛤蟆有路走啊，一跳也是一步……不事稼穑的姑婆，开始走向从不给苦命人脸色看的莽莽山野。"浮甘瓜于清泉，沉朱李于寒水"，姑婆在那些浓密的植物丛里一会儿出现，一会儿消失。那坎坷的命运啊，唯有走近自然，才得安慰，才得救赎。

子夜时分，落了入秋后的第一场雨。黎明，骤雨初歇，窗外天际，如水澄澈。漫步赣江湿地公园，依稀可见木槿花在风中盛放。这些培育出来的景观木槿树，花是复瓣的，与儿时野生单瓣之花比，显得更为热烈繁茂。热烈繁茂的景观花，与丰腴甜腻的花香一样，属于狂欢的大众，从南山岭流出的野生木槿粑的味道才属于此刻独行的我。

　　"忽有故人心上过，回首山河已是秋。"我痴痴以观木槿，食瓜、收麦、制葛布等田园小景及在时令里应时而作的人群从枝叶纷披里伸展出来，已故的姑婆似乎也隐身在这人群之中。树下的人儿，感到了秋的微凉，还有落日般的惆怅。

打藜蒿

窗外，有雨。空气中充盈草木、泥土的芬芳。与同学在茶楼里小坐。鲁院一别，已两年有余，见面却无丝毫生分，心近如昨。亲近使人感怀、温暖，也使眼下这离家千里的陌生之地万般亲切起来。

依凭一颗对文字的初心，我们同时收获了一份来自文学的回报，因一场颁奖礼得以在苏东坡的故乡四川眉山聚首。天南地北，鲁院的几个同学，又坐在了一起，这多么好。

同学之间的交流是朴素的，清凉的，一如窗边流过的江水。我们聊起三五成群常去鲁院附近餐馆打牙祭的往事。

去餐馆吃第一餐饭，来自北方的同学为我点了一道南方菜——藜蒿炒腊肉。北方同学说此菜是江西人尤其是南昌人的最爱，入选过北京奥运主菜谱；十几年前，热播过的赣语情景喜剧《松柏巷里万家人》的主题曲就叫《藜蒿炒腊肉》；不过，"正月藜，二月蒿，三月过后当柴烧"，野生藜蒿上市时间极短，三月底之后，大小餐馆能吃着的，怕都是大棚里头培育的。接着，他用不太地道的哼哼声哼唱了《藜蒿炒腊肉》里的几句词。南昌方言难学难说，更别提唱了，至少我是没能学会的，我使劲给他鼓掌。

菜上桌，满盘翠绿的，是一根根长四五厘米的藜蒿秆子，佐以金黄的腊肉片、深绿的韭菜叶、红灿的辣椒丁，望之口舌生津。夹一筷子入口，老腊肉的咸香、藜蒿的清香、韭菜的醇香与辣椒丁的辣香混合，那个香，真是荡气回肠。

可从来一方水土养一方人。大概北京人独喜香椿芽、贵州人喜食折耳根、云南人推崇鸡枞菌、东北人酷爱猪肉炖粉条吧，那餐饭真是便宜了我这爱藜蒿的赣人，独占了这一盘子美味。

藜蒿，原不是南昌本地所产，而是鄱阳湖草洲所盛产的一种早春野蔬。它与芦蒿，还有苏东坡笔下"蒌蒿满地芦芽短，正是河豚欲上时"中的蒌蒿，及《红楼梦》中晴雯最爱吃的"蒿子秆儿"，都是菊科蒿属，都具蒿之清气、菊之甘香。春秋时期，蒿作为一种君子之草和献祭之草在人们心中享有崇高的地位。

得名藜蒿，有两个版本的传说。一个与唐代书法家颜真卿有关。大历中期，颜真卿被贬到饶州任刺史，月波门外，柳丝抽芽，江水碧绿。渡口处，舟楫往来，不少民妇村姑，从河岸湖洲采集了一篮篮叫白蒿的辛香野草。颜刺史问，采这么多草干什么？答曰，此根经饱，可度春荒。爱民如子的颜刺史遂说："依我所见，不如称作黎蒿。黎者，众也，众人喜爱的野蒿。"众人一听，齐声唤好。后来，为了表示此蒿草属，又在"黎"字上面加盖草头。另一个与明朝皇帝朱元璋有关。元朝末年，朱元璋与陈友谅为争天下，大战于鄱阳湖。一年春天，朱元璋被陈友谅的水军围困于康山草洲半月之久，所备蔬菜几乎全吃光了。朱元璋食欲大减，人日渐消瘦。火头军发现草洲上长着一些野草，便随手扯一根嚼了一下，清脆爽口。他灵机一动，采摘回营，去叶择茎，将之与军中仅剩的一块腊肉皮同炒。朱元璋闻此菜香食欲大开，精神振奋，一举走出困境。得天下后，朱元璋遂赐名此野草为藜蒿，规定江南各州县每年要进贡藜蒿到南京。自此，藜蒿在江南"地位"显赫。

传奇难考。反正寄托了鄱阳湖区代代子民情怀、乡愁的藜蒿，已同春天、生计、社稷江山联系在了一起，颇为有趣。

春节刚过。冬丫头和春姑娘，还较着劲儿在赌气呢，两张冷脸子甩下来，寒意料峭得不行。而鄱阳湖的河滩上，抢得头春阳光的藜蒿，

一丛丛从草皮里冒出来，占据每一寸土地。新芽嫩嫩的，叶色淡绿、茎微紫红，如襁褓中的婴儿。一场润物无声的春雨过后，它们长得快极了，昨天还不足三厘米，今天已是一寸多长。绿叶红蔓，有小节，披着小绿叶，气味清香，仿佛铺在绿洲上的一层紫红地毯。轻轻俯下身子，凝神谛听，也许就能听到它们生命拔节的脆响。用不了几天，它们就长鲜了，长成最好年华的模样。

蒌蒿再好，却也不会自己齐齐整整跑到餐盘子里来，要辛苦湖区

那些"藜蒿客"去草洲里摘取，当地人称之"打藜蒿"。"打藜蒿"要趁早，农历二月一过，入口如嚼草根，那时只能当柴烧了。

"藜蒿客"分两种，一种为了生计，摘之卖钱；一种是摘给自己家吃的。"藜蒿客"以中年妇女为主，也有年轻人和家境较好、身子骨硬朗的老太太，遇双休还有不少凑热闹、喜野趣的小朋友。现如今，生活条件好了，原汁原味的东西更贴近自然、更利于养生，谁不想有机会多沾染些春风雨露的滋养、天地精华的馈赠？

湖口县对岸梅家洲一带，有一大片草洲全是藜蒿。初春时节，站在双钟堤四顾湖滩，远远近近全是低头寻宝的"藜蒿客"。这些"藜蒿客"天不亮就起床，三四个蛇皮袋用带子往腰间一系，拎一把弯镰刀，提一兜干粮就出门了。出门直奔西门老渡口，乘铁皮船去往梅家洲打藜蒿。元宵节前后几天的藜蒿最嫩，为上品，除去叶子可卖到三十元一斤；再往后，八到十五元一斤不等。藜蒿生成好口味、换来好生活、带来好心情，何乐而不为？

船刚靠岸，身形矫健的早已一跃而起，奔向草中央。"桂花，快来，多嘞。""华嫂，向前，走。"……浩浩荡荡的"藜蒿客"依着经验四散开来。眼尖手快的，是极厉害的高手。他们专挑那些叶子青翠发亮的藜蒿，一把把薅住，挥动手中的镰刀，"唰唰唰"齐地割下。一刀下去，到手的藜蒿粗细如毛衣针，脆嫩得很。

一去就是一天，不来回折腾。中午就着咸菜大口吃着馒头、包子，或者用牛奶兑饼干囫囵嚼着。吃完，在草地上稍做休息，又振奋精神地继续，直到下午五点多，最后一班从梅家洲回湖口的轮渡靠岸，才挑着一包包捆得结实的蛇皮袋子回家。手脚麻利的一天能摘上百斤藜蒿，空气里满是喜悦的笑。

割取回家的藜蒿，细细的、长长的蔓缠绕在一起，像乱蓬蓬的野草，一点也不好看，必须得有耐心地坐在小板凳上摘去根茎上的小叶子。这个时候，在鄱阳湖附近的一些街面、庭院、馆子、店铺，到处可以看到男女老少围坐一起理藜蒿的场景。摘叶子要捏住藜蒿上部，从嫩尖往根部倒着捋，尤其嫩尖上的叶要小心伺候，一不小心就容易把嫩尖折断，会让人生起暴殄天物的愧疚感来。藜蒿的茎，粗不及一次性筷子，长不过五六寸，几十上百斤就这样一根一根小心翼翼地捋，当真是个苦力活。

叶子摘好，换生计的尽管拿去卖，行情好得很。不用出声叫唤，早有商家客人寻到了跟前。自家吃的，摘够一顿就停下，洗净，用手折掐成寸段，一定不能用菜刀切，沾上铁腥气的藜蒿就不好吃了。剩下的藜蒿要存着叶子，仔细堆在避光的墙角，用石头盖住，时不时浇一点水。藜蒿的生命力极强，压在石头下面的叶子大部分烂掉了，茎秆却仍然新鲜，有些嫩尖顽强地探出石头，还会长出新一茬的叶子。避光，晒不到太阳的茎秆，很快变白，反而比刚摘回时显得更嫩。用这种方式保存，可放置很长时间。

湖区人做藜蒿炒腊肉特别讲究。腊肉必须是农家自己腌制的土猪肉。北风起，腊月至，杀猪过年，将新鲜土猪肉分割成一掌宽的条状。十斤肉六两盐，将估好的盐均匀抹在肉条上，反复揉搓。肉皮向下，放进陶缸里。十天半月后，在每条肉瘦薄的一端用粗铁针扎个孔，将韧性十足的青翠棕叶撕成绳，绳穿孔而过，两端齐平，离肉半尺，系死结挽住。把肉条串一竹篙在太阳底下晒几天。晒到金黄，有汪汪一层薄油感再取回，悬在厨房灶火口上端的大铁钩上，用灶火慢慢熏。日子越久，烟火味越浓，腊肉越香。即使是做配料的红辣椒，也必须是农家自己晒的。唯有这样，才配得上野蔬藜蒿馥郁芳烈的清香。说起清香，不由想起汪曾祺在《故乡的食物》中的表述来。汪老品尝的是苏北高邮的芦蒿，他说："我所谓'清香'，即食时如坐在河边闻到新涨的春水气味。这是实话，并非故作玄言。"再没有比这更好的比拟了。

我做不成饕餮盛宴，却深深被这无边无涯的生命力所吸引，这散发原野气息的清香之气让我深深沉醉。每个春天，我都会想去鄱阳湖，看一看那生机勃勃的草洲，混入人群当一回"藜蒿客"。

不用那么麻利，也不用有什么经验，更不用霍霍镰刀与粗陋的蛇皮袋，挎个小竹篮就好。一个人踏着清晨的露珠，来到湖滩，低下身子捕捉藜蒿之味。把草洲里的藜蒿一根根用鼻子嗅出来，对着它们水汪汪地一笑，再用手轻轻与那一枝枝碧玉簪似的藜蒿相握，把它牵进竹篮里。藜蒿有泥土与露水的气息，手便浸染了无边春色。

牛在身边安详地甩着尾巴。我坐在向阳的草坡上，慢慢摘藜蒿的叶子。把理干净的藜蒿用碧绿的丝线捆扎成小四把，摆进竹篮里。只捆扎四小把就好。每把手腕般粗细，盈盈一握，就像是牵着楚楚动人的姑娘的鲜嫩小手。

旧时光的街巷还在。布衣，罗裙，竹篮子，嫩藜蒿，沿青石板老街缓缓走。"藜蒿，青青藜蒿……"声声唤，不紧不慢，不亢不卑，不焦不躁。渔巷子、茶巷子、药巷子、盐巷子，一个接一个。"吱呀"一声木门响，小酒馆的伙计从两三张乌黑的木桌子旁一路小跑着出来。待四把藜蒿到他手，再回头，发现店子旁边古意十足的一侧小木板上，不知谁已用粉笔新写了一道菜名：藜蒿炒腊肉。

走过岁月，乡愁如蒿绽放，情谊如水悠长，这多么好。

种两排玉兰

春天的鲁院，玉兰花事盛大。一朵朵，或纯白，或粉嫩，或有紫的端庄。无论是打着骨朵儿还是怒放枝头的，所有花瓣都溢满一种，缤纷的笑。

那种缤纷，不太喧闹，也不至激昂，美好却是独特。那时的我，喜欢站在树下，看所有玉兰，前赴后继地开，欢天喜地地俏，最后义无反顾地零落成泥又护花。我总是会想起一个画面：那么多热血沸腾的文艺青年，一拨拨，挨挨挤挤，来到鲁迅先生屋子。文稿在此间流转，思想在此间碰撞。横眉冷对敌人的先生，面对他们，满腔尽是温和慈爱。青年们，来了去，去了来，来来去去间就构建起了一个时代的精神大厦。

我住的房间抽屉里有本笔记本，以王维的《袁安卧雪图》做封面，压若干古朴纸张，手工制作而成。翻开，扉页书"继承、创新、担当、超越"八个大字，落款为"鲁院 411 记忆"。一字一句，全是 411 历届室友离别鲁院时，寄语下一届同门的话语。其中，某一任室友的"木笔写春秋"，给我留下了深刻的印象。

先人们，曾将玉兰唤作"望春"，也唤作"木笔"。"望春"表明它是早春之花，"木笔"提示它拥有什么样的花形。先人们，时刻都在想着要让子孙后代透过一瓣花、一片叶，看见周唐汉秦，看见文化在自然中存在的模样，真是用心良苦，可爱又可敬。而留下"木笔写春秋"的鲁院往届室友，何尝不是饱含可敬又可爱的另一种深情期许呢？我猜想，写下这五个字的时候，她心里一定是装着窗外玉兰的。

玉兰花期短暂，十几天一晃，枝上一朵花也没有了。一场雨来，花落尽的地方，叶芽开始一粒粒冒出。叶芽迅速膨大，抽梢，叶片很快绿到透亮。碧绿茂盛的叶子，与晚春的风嬉闹，像被洗净心事的赤子，有着难与言说的神性。玉兰，与槐、与柳、与松、与其他各种树，齐心协力，将铺天盖地的绿的事业接力好。我低下头，看见了树身上明亮、清澈的黑眼睛。

"朝饮木兰之坠露兮，夕餐秋菊之落英。"待秋来，只余一派深灰树皮的玉兰，失却喧嚣的荫，删除繁茂的朵，更没有窃喜的果，既不能用来装点风雅，也不能赢得修辞上的赞美，似乎与外部世界再没有太过密切的关系。它们这样慎重地将减法做到极致，目的只有一个，全力以赴，度过严冬。

鲁院结业后，我一直有个梦想，希望自己能在近郊拥有一个独立小院，取名"木兰山居"。秋月朗朗之夜，气候温宜，与一心人齐力在院中种两排玉兰，从此，春有花影，夏有虫鸣。

"万里赴戎机，关山度若飞。朔气传金柝，寒光照铁衣。将军百战死，壮士十年归。""开我东阁门，坐我西阁床，脱我战时袍，著我旧时裳。当窗理云鬓，对镜帖花黄。"木兰，是玉兰的别称，在小院，种两排玉兰，很大程度上是为了向一半男儿气、一半女人心的花木兰致敬。上得了厅堂，下得了厨房，杀得了木马，斗得过流氓……愿或

不愿意，我这一生，大概率会用花木兰的姿态走完；种两排玉兰，潜意识里，也是遥想美好大自然中，能有一双温暖大手抱抱自己。

　　古往今来，文人雅士常赋精神于草木，于菊、莲、梅、竹、松等风物中见自己、见天地、见众生。色泽清亮、香味似兰的玉兰，有君子之姿，喜爱者甚多，文人画中常将它与海棠、牡丹、桂花放一起，寓意"玉堂富贵"，五代徐熙就曾画过一幅《玉堂富贵图》。画中，牡丹、玉兰、海棠，莹洁优雅；两只杜鹃，一只野禽，气韵端庄。

　　将来，若能拥有一处"木兰山居"，我定要在冬至的前一天，折一枝光秃秃、什么也不剩的玉兰，斜插在"晚来天欲雪"的茶案上。我要向窗而坐，再生一盆炉火，学先民，置下一幅书法帖子："九九消寒图"。"亭前垂柳珍重待春风"，帖子上，九个繁体字，一字九画，从冬至开始，日写一笔，九九之后，帖子描完，下一个春天也就到了。

春不老

　　没去鄱阳之前，"春不老"于我，只是一个好听的咸菜名儿。我对它的全部印象定格在《咸菜和文化》的描述里："各地的咸菜各有特点，互不雷同。北京的水疙瘩、天津的津冬菜、保定的春不老。"北方春不老不就是南方雪里蕻嘛，也没啥可稀奇的。

　　到了鄱阳才知道，此春不老和彼春不老不一样，它稀奇得很。《广群芳谱》有专注说到雪里蕻。这种蔬菜植物，菜有锐锯齿及缺刻，类芥菜，菜稍纤，花黄，"雪深诸菜冻损，此菜独青"，北人谓之春不老。而鄱阳春不老，茎白洁而光滑；叶色绿如墨，故又称黑菜；形虽似芥，却比一般芥生得壮硕、饱满；叶片大且厚，叶围呈不规则锯齿状，背面有茸毛；其香绵长清雅，不似雪里蕻及其他芥菜那般辛腥味强烈。

　　更稀奇的是它种的地方。只要一出鄱阳镇东湖五公里外，这种蔬菜就会变异，变成类似芥或菘（白菜）的样子，叶色不黑了，叶片也不肥厚了，口感淡而无味。这一点，很多去到农村的鄱阳镇人，有较深体会。他们从县城买好春不老菜苗带到乡下去种，侍弄的方法也一样，却怎么也栽种不出东湖边上那样的春不老来，很是气馁、沮丧。

百思不得其解的人们都在传说，北宋景祐年间，饶州知州范仲淹来到宝胜桥一带，指着东湖（指上饶市鄱阳县内的东湖）北面说，把州学从城内移到这里，以东湖为砚、妙果寺为笔、督军台为印，二十年后当出状元。且不说州学迁移后二十年，果真出了状元彭汝砺，只凭这"东湖为砚"一说，便给了人许多的想象空间。学子、雅士们在东湖读书、作文，免不了要洗笔洗砚。老百姓便乐得用这饱含墨汁、文脉的湖水挑去浇灌春不老。顺理成章，菜叶也就成墨绿色了。

传说是无从考证，只能看作是对春不老的一种礼赞和一份感情。之所以能长出那样稀奇可口的春不老，说到底，应该是东湖四岸水质、气候、土地等因素共同作用的结果。这与贵州茅台只能取水赤水河、只能在遵义仁怀茅台镇生产，是一个道理。

鄱阳春不老的生长周期，约三个半月。每年农历九、十月下种。种粒暗红，较油菜籽小，有浅浅光泽。下种是天女散花式的。十五天到二十天菜苗破土而出，与小白菜秧有几分神似。经验丰富的菜农，此时会仔细选苗。选苗是个技术活，以三到五寸为宜。苗选得好，将来长出来的春不老品相好，每株重量均在三到四斤左右，口感也最佳。松土并在土上溜沟，将选好的苗以间隔七八寸的距离移栽。

冬季，大地休养生息，春不老也仿佛进入休眠期。一开春，可不得了，菜苗直往上蹿，最高的能超两尺，最重的有近十斤。搂在人怀里，真像是抱着个三个月大的宝贝孩子。年才刚过呢，各家各户就得收了闹春的心思，赶紧收割回家。不然，连着三两个晴天，那脆生生的春不老就会抽心开花，转眼成"老"菜。我见过春不老开的花，黄澄澄的，跟油菜花儿差不多。汁水丰盈，清香逼人，收割回家的春不老在鄱阳人眼里，简直就是一个个刚从鄱阳湖洗浴归来、衣着墨绿萝裙的仙女。仙女娇娇俏俏、欢欢乐乐，让整座屋子、整个镇子瞬间变得蓬勃、灵动。

清洗。晾晒。晒谷场，马路边，庭院，走廊，甚至厅堂，错错落落、挨挨挤挤，全是一蒿一蒿的墨绿。这时的鄱阳，简直是春不老的海洋。碧波万里春，东湖之夜便在这"笃笃笃"的切剁声中整个沸腾了。一湖清水赐予鄱阳鱼米之乡的富庶，人们在海洋里陶醉。

然而，水并不总是这样温婉可亲，它有时会像一个阴晴不定的暴君，肆意妄为。历史上鄱阳水害频仍。加上古时以水运为主，历朝历代鄱阳重镇常为兵家所必争之地。以营商、捕鱼为主业的鄱阳人，在水灾、战乱和人口大迁移的历史进程中，也曾餐风宿露。艰难困顿里，什么才是最妥帖的安慰？民以食为天，最妥帖的安慰当属那蕴藏绵绵乡情的独特乡味。动荡流离，新鲜时蔬常常是种奢望，鄱阳人便逐渐摸索出一种可将蔬菜保鲜的方法，即腌菜来慰藉自己。

我看过鄱阳人腌春不老。

菜去头洗净，晒到七八分干。将外围几片叶剥下，拢一堆，大刀切碎，撒盐拌匀，用力揉搓后往干净坛子里塞。紧实、完整的菜心加盐揉搓至茎叶变软后一株株往陶缸里码。

娇嫩的春不老在一双大手的反复揉搓中，面目全非，我心里特别难过。可是又想，不这样又能怎样？芳华易逝，总不能眼睁睁看着它们更快地沦为一堆堆再无美感、价值的腐叶吧？好比人生如海，各种风浪里，让生活之盐多腌几回，腌透亮了，我们才能安然度过。

一层，一层，垒紧码实。用石头压好。约十多天后，盐渍出的水漫过了石头。石头底下，茎叶灿黄。有酸香自坛、缸中溢出。用若干打尽谷子的禾秆编出一根长小辫并密实团成较坛子口稍大的小圆帽盖住坛子口，再往用石菜铺子里头装清水，然后一手捂住小圆帽、一手托起坛子底，一鼓作气将坛子倒扣在石菜铺子上。石菜铺子里的水，可通过禾秆吸收到坛子里，既保鲜又隔绝空气。每天路过，溜一眼，看水干没干，倘若快干，随手再舀一瓢清水加注。生命之水长流，放再久也不用担心坏。

随吃随取。取时，微侧坛身，用干净大手往坛口里一掏。掏一碗春不老，真像是与古风握了一回手，平添诸如青梅煮酒、围炉夜话、登高赏月的意趣来。

春不老可作腌菜，也可作盐菜。盐菜即霉干菜，将陶缸里腌好的菜心，晒至半干放饭甑上蒸，待菜香四溢取出再晒，至深黑色即成。

看似无情的"腌"，让春不老生命之树常青，何尝不是人对美好事物的别样珍惜和另类长情？历史上的湖坝决口和天灾之年里，春不老腌菜成为鄱阳许多家庭度过难关的法宝。

我的老家吉水也做腌菜。我的姑婆生前在南山岭种了不少菜，豆角、生姜、辣椒、萝卜、白菜、黄瓜、刀豆……吃不完却也不卖，学邻居洗净塞进陶坛里。四季风光一藏储，寻常日子似乎就迅速有了另一番滋味。

可惜，我手不巧，实在缺少那种在陶坛里变魔法的本事。姑婆曾郑重其事地教我，我也曾郑重其事地尝试过许多次，终究还是没能让鲜瓜菜被时间酝酿成好腌菜。姑婆西去后，我便将老家的腌菜坛子送给了她相亲相爱过的邻居，把一份念想装进自己的心里。

这份念想，我用文字倾诉过。文字被国南兄无意中读到，他特意打来电话，说要送我一份小礼。礼物很快收到，是一袋子"色如金钗股"的腌菜，标注"鄱阳春不老"。之后，每年夏初，我都能收到挟裹万千阳光与湖光山色的"鄱阳春不老"。

鄱阳有句俚语叫"盐贵米贱"。照说，稻谷生产难于食盐生产。但米可自己种，盐却不能。"一包盐在淮安"，民间表达的是可望不可即的事。腌菜离不开盐。过去，盐店几乎占了古饶州小半个市面。从筷子巷口顺正街下行，每隔三四十米距离，就有一家门楣间吊着大杆秤的盐店。白花花的盐，堆满硕大苏缸，柜台散落大小的盐包若干。盐包，一律用草绿色的干鲜荷叶包裹，棱角分明。

时过境迁，盐不再贵过米，那些盐店也早已退出历史舞台，而春不老却代代相传，成为鄱阳人的舌尖之享、心尖之念。我曾尝过一钵春不老煮黄芽头，鱼肉鲜嫩，腌菜酸爽，一吃难忘。

春不老，滋养心胃那么多年，却至今鲜有记载，鄱阳人心有不甘，觉得"出东湖五公里而变种"是流传不广的主要原因。于是，他们创建了以春不老为主的农业科技园，从蓄积、选种、提纯、育苗、栽培等环节进行研究，经过二十多年的努力，不仅打破"春不老出东湖五公里而变种"的魔咒，扩种基地十万多亩，还将亩产量从之前的三千斤提高到现在的两万斤，农户种植春不老的亩收入高的可达八千元。

春不老，让鄱阳人的日子越过越如春天般和美。

| 辑三：湖野生灵

观鹤记

　　我认识鹤很晚。去年 11 月见到它之前，它已经在鄱阳湖寒来暑往不知多少年了。

　　我知道鹤却很早，仿佛它从来就亭亭玉立在我生命的源头。

　　我的姑婆，喜欢绣花，绣功了得，我许许多多的小衬衫、小裙子，一经她手，便开出一个又一个繁花似锦的春天来。普普通通的布鞋因为多了一只可爱的小虎头或一双机灵的兔耳朵，童年在奔跑中便有了无限生机。

　　我最喜欢的还是姑婆手绣的被套。姑婆用多彩丝线在被套正面的中心位置绣出五彩祥云，让云托举一轮饱满的红日，一只美丽的鸟身披白羽，长长的喙衔着云，秀逸的腿踏着浪……那种灵动又端庄的美感令我深深着迷，每个夜晚，早早钻进那样的被子里睡觉是欢喜的，每个黎明，长久用目光摩挲那样的图案是欢喜的。

　　印象中，老屋有许多鹤的图像。形象各异的鹤，刻在大门镂空的门楣上，画在厅堂厢案的板面上，烧制在青花瓷的器壁上，悬挂在里屋墙的卷轴上。一幅叫《六合同春》的画，我仔细瞧了好久，只看到鹤、鹿和仙草，十分不懂六合又藏在哪。姑婆摸摸我的头："老祖宗的说法，鹿为瑞兽，音通六；鹤是仙禽，音喻合；天地与东南西北称六合。鹿鹤呈祥，六合同春，万物欣欣向荣。"

好一个万物欣欣向荣。小小的心思，对鹤愈发喜欢得紧了。画上的、布上的、瓷上的、木上的，所有老屋那些鹤，没有分别，都来自遥远天界，是具有神性的古老意象。

真正意识到鹤的动物性，缘于一次艺术家个展。

去年11月初，我在上海民生现代美术馆看了一场名为"天人之际"的艺术家个展，作品以雕塑为主。艺术家在布展中利用声光电等现代技术，凸现雾霾等日趋严峻的环境危机，试图借助云、鹤、鹿、花等形象，游走天、人、古、今，引导观者重新思考人与其他动植物之间的关系，饱含深沉的人文价值与生命关怀。其中，"家园"系列之《栖》与《凝》，主要作品就是"鹤"与"鹿"的形象。当通体洁白的鹤展翅、欲挣脱恶劣环境而凌空的时候，这种生灵的精神性与动物性瞬间连通，我被那种张力震撼得几近失语，眼里溢满了鹤之"凝眸"里所蕴含的悲情与酸楚。

回到家，我如饥似渴地翻阅起鹤的资料来。

人类历史只有几百万年的记录，而鹤竟然在地球上生存了4000万年。鹤，行必依洲渚，身体经常洗涤，相当洁净；鹤栖于陆，高脚疏节故有力，擅奔跑；鹤足有四趾，三趾前，一趾后，后趾小而不能触及地面，故鹤不能栖于树；轻前重后则善舞，鹤舞是亘古少见的美景；鹤翔于云，毛丰而肉疏；鹤鸣，高远豁亮，婉转悠扬；鹤大喉以吐，修颈以纳新；站而眠，宛如大师打坐运气吸天地精华；鹤嘴是武器，眼神精准，看准了，水里的鱼蛙均可一嘴制服；鹤没有天敌，鹰、鸠等都从不找鹤的麻烦……

在古人眼里，水中长寿者龟，陆上长寿者鹿，空中长寿者鹏，而鹤在水、陆、空逐行而不知寿。想我们人类，该是陆地上最具智慧的高级动物，却不能水、不能空且无法长寿，对通行水陆空三界的鹤很是崇拜，鹤以鸟中仙子之名活在各种神话故事里，再自然不过。

其实，鹤是不能寿千年的。一只鹤的寿命约六七十年光景，实在活不过人。更令人心痛的是，随着环境被污染，湿地被破坏，加上人类猎杀，鹤类越来越少。有一度，国际鹤类基金会曾经宣布，世界上的白鹤仅剩200多只，濒于灭绝。举世为白鹤的命运所担忧时，是鄱阳湖传来了振奋人心的好消息：1983年发现白鹤400多只，1984年800多只。

人们将信将疑，纷纷到鄱阳湖来实地考察。当年大湖池，那一只只长着粉红色长腿的白鹤，在阳光下多像是一棵棵顶着洁白树冠的小红树。小红树密集组成一条奇特的"鹤林"，俨然中国的"第二座长城"，多少人为这罕有的"鹤林"，手舞足蹈，热泪盈眶。

鄱阳湖是中国最大的淡水湖，位于江西省北部，上吞五水，下接长江。数千年光阴，波动日月，经历了从无到有、由小到大的沧桑巨变。它随季节而变。"洪水一片"的夏天，湖面3960平方公里，是浃浃大湖气象；冬季"枯水一线"，湖面只有500平方公里，犹如一条平平仄仄的缱绻河流。

大自然的巧妙安排实在是让人叹为观止。冬季的鄱阳湖，水落滩出，形成大片大片的湖滩草洲和星罗棋布的浅水湖沼。草洲花草茎叶飘香，湖沼鱼虾螺蚌丰富，良好的环境和充足的食物像巨大的磁石，吸引众多的候鸟来这里越冬。鄱阳鸟，知多少？飞时遮蔽云和月，落时不见湖边草。湖区内有七个自然保护区，区内鸟类已达300多种，近百万只，其中国家重点保护珍禽有50多种。

练得身形似鹤形

　　鹤，指鸟纲中鹤形目鹤科的鸟类，它们体形硕大，鸣声高亢，身姿美丽而优雅。鹤在中国文化中有崇高的地位，特别是丹顶鹤，象征着长寿、吉祥和高雅，常被与神仙联系起来，称为"仙鹤"。仙鹤在古代是"一鸟之下，万鸟之上"，地位仅次于凤凰。

　　如果你运气足够好，在鄱阳湖能看到除黑颈鹤和赤颈鹤外中国所有的鹤类（黑颈鹤是高原鹤类，赤颈鹤主要生活在南亚和东南亚）。当然，丹顶鹤主要在沿海几个湿地越冬，沙丘鹤通常在北美，蓑羽鹤在北方和藏西南间迁徙，它们偶尔糊里糊涂才会成为鄱阳湖的迷鸟。所以冬季鄱阳湖最常见的鹤是灰鹤、白鹤、白头鹤和白枕鹤。

　　灰鹤是四种鹤里数量最多、个头最小的，繁殖地横贯欧亚大陆。因为一身灰衣近黑色，古人称之为"玄鹤"。司马迁在《史记·乐书》中记载，师旷援琴时，有玄鹤二八，集乎廊门。可见在西汉，灰鹤还是很常见的。灰鹤，头顶裸出皮肤鲜红色，眼后至颈侧有一白色纵带，脚黑色，其余体羽皆灰。

　　最喜欢雨中观灰鹤。雨一直下，灰鹤有一颗安静的心，它们将翅膀拢得很齐整，远远看去，身体像一株株挺拔淡雅的竹，而拢着的羽尖是缀于竹上的无数"墨点"，端端一幅浑然天成的国画——《雨打墨竹》。

　　"修女鹤"是白头鹤的别称。这种繁衍于西伯利亚及中国东北的鹤，体形娇小，性情温雅，胆小又机警，眼睛前面和额部密布黑色的刚毛，灰衣素裳，头颈雪白，看上去像戴白头巾露出脸颊的修女。

初学观鸟的人，很容易将白枕鹤与白头鹤混淆。其实两者长相差别还是挺大的。白枕鹤又称"红面鹤"。"红面"一词很形象，因为它脸部呈鲜红色。头顶至颈部灰白两色块夹陈，泾渭分明，其他部分接近灰蓝色，尾羽末端具有宽阔的黑色横斑。

三国时吴国陆玑在《毛诗陆疏广要》中这样描述白枕鹤："苍色者，人谓之赤颊。"苍色，近乎灰蓝色；赤颊就是红脸颊。白枕鹤是非常机警的鹤类，与人类的安全距离都保持在 300 米以外。古人没有望远镜，却能清楚描述它的典型特征，想必那时的鹤是极多的。

有意思的是，在鄱阳湖，白头鹤与白枕鹤总喜欢混居在一起，这简直就是有意为难想好好分辨它们的人类。

最受世人瞩目的是白鹤。白鹤对浅水湿地的依恋性很强，是对栖息地要求最特殊的鹤类。它有棕黄色长刀状的喙，头、颈和身体的整个轮廓有着最柔和的曲线美，通体羽毛白色，只有翅的前端是黑色，宛如飘飘白衣上镶了一圈黑边，故又称"黑袖鹤"。

了解了白鹤的特点，再去看一些国画，便也能说道一二了。很想提醒画家们，白鹤的黑羽并不是长在屁股上。事实上，静态的白鹤，羽翼收拢是通体洁白的；只有在飞翔时，白鹤双翅展开，才会亮出那一圈儿"黑边"。

"玄鹤""修女鹤""红面鹤""黑袖鹤"，鹤的别称真是一语中的，仿佛水平一流的漫画师寥寥几笔便已画出人物的最传神处。

中国美学自先秦始即重视以物比德，长颈、耸身、顶赤、身白，白鹤最有自由气象和文士追求，在中国人的精神世界里，它是君子，给人高洁隐逸之感。灵台的白鸟翯翯，林逋的梅妻鹤子，苏东坡的放鹤亭，善良风雅的中国人爱鹤、咏鹤、护鹤，如敬神物。

群鹤飞起，镶着黑袖的翅膀缓缓鼓动，仿佛浮在云水之间的一串串珍珠，璀璨光华。"咯噜噜，咯噜噜"，"鹤鸣九皋，声闻于天"。

在鄱阳湖越冬的白鹤被称为东部种群，人们在西伯利亚东北部的苔原上找到了它们的繁殖地，那里地广人稀，人类干扰少。雄鹤在交配期，会到处起舞寻找对象；而雌鹤一旦心仪，也会含情脉脉以袅娜的舞姿去呼应。白鹤实行"单配制"，对感情忠贞不渝，一雌一雄一旦结合终身相守。配对后的白鹤在沼泽的小岛或露出水面的土丘上营巢，用干燥的枯草或芦苇堆成盘状大巢。6 月到 8 月是白鹤的繁殖期。雌鹤产卵两枚，卵为橄榄色。经过一个月左右的孵化，雏鸟出世称早成鸟。

小白鹤学会飞翔要 85 天。在这期间，体弱的容易受伤，迟缓的觅不到食，而接下来的迁徙需要消耗大量能量，可能遭遇到各种恶劣天气及意外状况，所以自然界优胜劣汰的法则在白鹤幼鸟的世界同样适用。不茁壮、不敏捷的小白鹤注定参加不了大迁徙。参加不了迁徙也就意味着熬不过寒冷的冬天。所以，尽管白鹤每次繁殖时产两枚卵，但最终最多只能养活一只幼鸟。

白鹤幼鸟与成鸟，在外表上很容易区分：所有幼鸟的体羽都是淡淡的咖啡黄色。唐朝诗人崔颢在《黄鹤楼》里写道："黄鹤一去不复返，白云千载空悠悠。"其实世界上并没有"黄鹤"，诗人所看到的，可能正是一只年幼的白鹤。

9 月初，这些分散的白鹤会聚集起来，开始准备向南迁飞。它们

以家庭或小家族组成阵形，幼鹤和缺乏经验的"青少年"跟随经验丰富的成鹤。与人们长途自驾时需要加油站和服务区一样，迁飞路上的停歇点对白鹤至关重要。位于松嫩平原上的吉林莫莫格保护区是白鹤最主要的停歇站之一，白鹤们大约在10月初飞抵这里，补给休整一个月甚至更长的时间后再继续上路。最终经过5000公里的旅行，98%以上的白鹤会在11月中旬前后抵达鄱阳湖。抵达后的白鹤分成小群活动，主要在大湖池等浅水处觅食，在蚌湖等地集群过夜。

第一次去鄱阳湖看鹤的那天，我起了个大早。天地寂静。街灯，正将光亮过渡给黎明。没有风，数以万计的候鸟用它们美丽的翅膀召唤芦苇，整个湿地瞬间荡漾起金色的浪波。大片大片的浅滩草泽绵延，穷尽目力，依然望不到边，让人想起西北草原的广袤来。但西北草原的地是干的，草又枯疏；鄱阳湖湿地草原有水、有红蓼绿草和无数候鸟，充满勃勃生机，远比西北草原灵气。

阳光温柔轻盈，湿地辽阔明亮。看，鹤儿们又憩成林，长羽临风，长喙含云，长跖踏浪。三只白鹤结伴，大着胆儿向人群飞来。人群向它们招手，它们迅速离开。边飞边鸣，发出"咪——咪——"的柔和声响。升高两三百米后，回转到逆风的方向徐徐滑翔至湿地中央鸟族所在的地方。

着地很是耐人寻味：当中一只鸟先降，双腿下垂，稍向前，头颈下探，双翼扇动向前急跑两三步，然后收拢展开的翅膀，稍事观望才落地；接着，另一只抬头掀翅与之互相鸣叫数声，似乎是获得"安全"的信息后再降落；体积最小的一只最后降落，地点在两只鸟中间。之后，它们仨开始低头用长喙掘泥觅食。

前为雄中为雌后为幼，这是属于白鹤的一家子。雄鸟保护雌鸟，雌鸟庇佑幼鸟，当中的脉脉温情和人类多么相似。

白鹤有个奇怪而可笑的习惯：凶猛的打架之后，它们会扬天鸣叫，每次都是这个样子，所以捕捉到它们的行踪难度不大。而能使优雅的白鹤凶猛互撕的原因，通常都是因为争食。争食时的白鹤，像有着绝世武功的侠客。杀气深藏不露，剑锋寒光闪闪。那瞬间的亮翅，那准确的一啄，颇给人"古巷秋风过后，千片木叶飘落"的画面感。

大多数时候，白鹤是不争食的。它们享受食物，吃东西的样子宛如顽皮的孩童。一嘴巴扎下去，掘起长约一寸的草茎或根，将茎半丢至空中，昂起头用嘴巴神气接住，再吃它个不亦乐乎。

鄱阳县一位追踪白鹤五年之久的摄影师告诉我，近几年，鄱阳湖水位持续偏低，苦荞生长不好，导致至少1500只白鹤的食物链发生了变化。于是生性谨慎的白鹤开始越来越多地进入收割过的稻田和藕塘觅食，吃稻穗或藕根。

说真的，水边的白鹤和田里的白鹤，完全不像同一种生物。在田里觅食的时候，它们土了吧唧、灰扑扑的，实在不美。乍一看，也就鸭子堆里的一只大鸟而已。好在，为了鄱阳湖这一湖清水，人类始终孜孜不倦地努力着，生态文明已写入宪法，流域综合治理已上升至国家战略。来鄱阳湖越冬的候鸟越来越多，白鹤数量逐年增加便是最好的证明。要知道，候鸟从来不是湿地的"常住居民"，会不断为自己选择环境良好、安全无忧的栖息地。

白鹤群很敏感，每次集群活动的时候，总有几只鹤，是瞭望站岗的守护者。人稍微接近或者发出一点动静，那些负责站岗的鹤竖起脖子，警觉地开始叫唤。一个摄影师如果拍的是鹤屁股的照片，多半是成功惊扰到它们了。这时候，越来越多的鹤从地里抬起头，把屁股对准危险区域，准备撤离。两只白鹤在亮翅起飞前，会平静地对望一眼，头颈向前微倾，默契一下动作。天鹅起飞前也有这样的默契，但不同的是，肥胖的天鹅起飞前，助跑动静实在太大，大脚丫噼里啪啦溅出一身泥水，远没有白鹤的优雅。

白鹤飞行时，颈、脚伸直但位于身体水平线下方，鼓翼缓慢。降落时，两脚伸直，滑翔到地面，奔跑几步后停住。我们的飞机起飞也需要助跑、降落也需要滑行，这些方面，鸟儿是我们最好的老师。

2 月下旬到 3 月初，气温达 10 摄影度以上时，白鹤逐渐集成大群北返。它们排着一字或人字形队伍飞行。在经过的某些湿地歇脚，经过休息和补充食物后，又继续上路。谁也不知道它们究竟是依赖何种天赋，在每年的迁徙的过程中如雷达般精准无误地从繁殖地到越冬地，从越冬地再回到繁殖地。

鹤是美好的，既通灵高贵又具有文人士大夫的气质，最能代表东方文化精神。在它们身上，白色是一幅如雪的宣纸，黑色是浓得发亮的墨汁，红色是朱砂红印。当鹤在鄱阳湖翩翩起舞，中国有了水墨交融的万千诗意。愿鹤在鄱阳湖生生不息。

天鹅的呼唤

柴可夫斯基创作的《天鹅湖》，我是在电视上看到的。

记忆中，那场天鹅之舞，将优雅渗透至每一个细胞、每一根羽毛。单单是看那舞蹈，我似乎就能想象天鹅的飞翔。盘旋而上，轻盈高飞，律动长空。事实上，天鹅确实也是世界上飞得最高的物种，高度九千米，能越过世界最高的山峰珠穆朗玛峰。

冷空气南下。秋分。风起。数以万计的天鹅陆续从西伯利亚苔原地起飞。它们平展双翅，像一支密不透风的队伍，在领头天鹅的带领下，波浪似的向前飞行。翅膀是方向盘，是天然雷达，天鹅遵循严格的飞行纪律，七字形，一字形，人字形，队形虽常换，但飞行纪律却无比严格，仿佛阅兵仪式上的飞行表演，充满精准的艺术魅力。

鄱阳湖到了。领头的天鹅先是一声轻吟，再来一个漂亮俯冲，随后又是一个高难度的爬升，归队向群鹅发出信息——目的地到了。

天鹅们争先恐后冲向水面。降落时，先侧飞，近水后，仰着修长的脖子、伸直黑色的双腿冲着水滑下来。一阵欢快的"曲项向天歌"后将头、身子扎进水里，让屁股撅在空中。爱美的天鹅，忍受腹中饥饿，仔细清洗翅膀，每根每片，用喙理得洁白锃亮。彻底弄干净了，才去觅食。

这些素食主义者，只吃草。绊网莎、蓼子草、黑米草、莎菜等野草的根是它们的最爱。天鹅一小群一小群聚集在水边、滩涂，拿嘴去啄，和牛一样用舌头把啄到的草卷起来。吃一下拔一下，用舌头拉力扯出、用嘴唇的锯齿锯断，一寸一寸吃进肚子里。

草根营养较新生的嫩草要好，倘若一两下实在找不到草根，天鹅会用嫩草代替。吃嫩草的天鹅宛若清明前采摘新茶的人，它们薅住一把嫩草，只取那一簇草尖。只要草尖儿。

天鹅吃得很慢，一顿饭盯着看，一两个小时是常有的事。我以为这是天鹅与生俱来的优雅，吃饭也要保持鸟中贵族的风度。拜访都昌县民间护鸟人李春如之后，才知道真相原来应是另一种解读：那些人类用刀割都要费很大工夫的草根，天鹅全凭一张嘴去撕咬，快不起来。生存实属不容。然而，就算吃得再辛苦，它们也不能停下来。只有不断补给，才能有力气活下去。

第一次发现天鹅吃沙，我吓坏了，打电话问老李，它们是不是累傻了，居然将沙一口一口吃下？老李说，不是的，天鹅每天都会吃沙，也许是它们的胃需要沙子来促进消化吸收吧。恨只恨，对天鹅这个需求，一些人不施同情，反起歹念，常将毒药搓拌进沙子毒杀它们。我很难过，想不明白，为什么这个人间，总是一边有天使在忙着拯救，一边有魔鬼在忙着荼毒？

专心致志吃东西的天鹅群里，有一只率先抬起了头，应该是领头的天鹅吧。只见它脖子竖得长长的，头扬得高高的，开始在群里四下游动，左顾右盼，发出"哦，哦，哦"的低沉叫声，似乎在跟同伴们打着招呼：飞不飞呀？飞不飞呀？而它的同伴们，听到它的叫声后，有的频繁点头，似乎在附和它的提议；有的却依然埋头苦吃，无动于衷。有同伴不同意，那就继续吃呗。它安静下来，不再叫唤。过一会，它又发出"哦，哦，哦"的声音，重复刚才的动员。这一次，所有的天鹅都将头抬起，点头附和它的提议，低沉的叫声似乎在说，饱了饱了，飞吧飞吧。

它们飞到风的下游，停在了湖滩边上，相互间的眼神、语言交流，频繁而急促。

开始助跑。助跑是踏浪式的。"群主"先起飞。扑打翅膀向前冲，一只脚往前迈，踏水而划，另一只脚交替而上，两只黑蹼在水面先后快速踏水约一两分钟、冲七八米，激起一串浪花后，才借着冲势，腾空而起，再收双蹼于尾部，鼓动双翅冲向蓝天。洁白的羽毛在阳光照耀下，顺光处显得更白，逆光处恍若金黄。

天鹅怕人，选择将与人的安全距离设定在一千米开外，很多时候都围在湖滩中间睡觉。但它们丝毫不惧怕水牛等动物，即使距离很近，照样视若无睹。我很想丢开望远镜，变作一头水牛，睡在天鹅"卧榻"

之侧。

　　清晨。天鹅昂起头，在水域里唱歌，"哦哦哦，哦哦哦"，节奏欢快明亮。它们围成一个圈，像一群跳街舞的活力少年。《木兰辞》云："雄兔脚扑朔，雌兔眼迷离；双兔傍地走，安能辨我是雄雌？"兔子的雌雄靠走路不好辨，雄天鹅与雌天鹅却是可以通过走路样子来辨别的。颈长而瘦的雄天鹅喜欢搏斗，走的都是正步；颈稍短而粗的雌天鹅性子温婉，迈的是小碎步。

　　天鹅夫妻，情比金坚，对孩子也特别好。觅食时，成鸟找到好地方，会先让给自己的孩子，让它们吃饱吃好。当有人欺负自己宝贝的时候，成鸟会不顾一切地迎上去，挥翅扑打，用喙狠啄。

　　天鹅觅食领地意识强，有入侵者到来，会将架打得很勇猛。打架时往往会将头交缠在一起，压在水里打，不停发出"叭叭"的叫声。而其他天鹅呢，没事人似的，保持中立作壁上观，并且还喜欢起哄。打得越激烈，起哄得越有劲，直到有一方落败逃跑，围观的吃瓜群众才会散去，留足够空间让人家一家子去崇拜、去抚慰、去骄傲、去满足。

　　渐近黄昏，分散觅食的小家庭会不约而同从四处飞来聚集在一起，

共度长夜。湖中的天鹅群越聚越大，叫唤声
也跟着加大。如是晴天，太阳西沉，天边红
色的晚霞映照水中，湖面浮光跃金，炫目辉
煌，逆光中的天鹅如剪影，安详又生动。偶
尔会有天鹅腾飞天上，仿佛闯入了太阳的宫
殿，使人产生无穷遐想。

　　天鹅的睡姿快要将我的心萌化了。半跪着，折叠双脚向前，身子
往前一拱，肚皮朝下趴在地上，脚缩在肚子下，头伸进翅膀里，就算
是睡着了。它们是警惕的、缺乏安全感的，睡觉时，必须安排几只站
岗、瞪大眼睛巡察。摄影师大斌斌告诉我，那些被安排站岗巡察的天
鹅通常都是丧偶的"鹅奴"，失去配偶的天鹅一直承受着双重痛苦，
失爱和化身为奴，没有同伴关心、呵护，怀最深的忧思，做最苦的活。
所以，性子烈的会有殉情之事发生。他曾经在北方看到过天鹅殉情的
全过程，十分悲壮，至今回想，依然震撼。

　　平坦的草地镶嵌明如银镜的水洼和不起眼的土包，天际传来天鹅
的吟唱。一只天鹅总是抢先于另一只天鹅半个翅膀，而且牢牢占据后
者的右上方。很明显，后者受伤了，前者是在帮后者阻拦气流和风，
让它节省体力，减轻痛苦。前者体形较小，是雌天鹅。天鹅群在降落，
朝水洼的方向。雄天鹅身子微微一振，挥动双翅，想飞到雌天鹅的前
面。这一路，雌天鹅为自己付出了太多，它心疼爱人，想要在这个时
候送一份舒适给爱人。可突如其来的动作令它的身体难以调整。雄天
鹅像重物一样急速坠落。雌天鹅见状，一声尖叫，剧烈扇翅，将修长
的脖颈抻得长长的，身子起起伏伏，凌乱地想抢在雄天鹅之前落地。
如果成功抢先，就可以让雄天鹅落在自己身上，减轻猛烈坠落给它带
来的伤害与疼痛了。可是，雄天鹅并没有如雌天鹅所愿，它直直坠在

了旁边的一个土包上，一动不动。雌天鹅跌跌撞撞奔跑过去，伸出喙，不断拱它，趴在它身边频频絮语。雄天鹅还是一动不动。它已经气绝了。雌天鹅开始围着雄天鹅飞舞，发出一连串悲悯的哀鸣。

暮色四合，夜的气息很快弥散开来，喧闹的草原安静下来了。雌天鹅似乎接受了雄天鹅不再醒来的事实。她深情地望着雄天鹅，一言不发，安静地用喙梳理着它的全身，守在它跟前。

天鹅群走了，雌天鹅像一尊化石，在土丘前，守了三天三夜，滴水未进。突然，它哀哀起飞，在土丘上空，左盘旋三圈，右盘旋三周，一个加速冲上几千米高空，收羽，自由落体。转眼，土丘之上再摞一层新"土"。

古人说，天鹅会在弥留时歌唱，作为最后归息的前奏。土丘之下，雄天鹅能听到雌天鹅的呼唤吗？那种从心底发出来的呼唤，如此柔和幽怨、悲伤又凄婉。

水凤凰

知识
小档案 >>>

"凌波仙子"水凤凰

水凤凰，学名水雉，是鸻形目水
雉科水雉属的一种中小型鸟类，是淡
水湿地上一种非常美丽的鸟。水雉的
体态优美窈窕，亭亭玉立，且羽色艳
丽，有细长的脚爪，能轻盈行走于睡
莲、荷花、菱角等浮叶植物上，被爱
鸟的人们誉为"凌波仙子"。

我敢说这是我有生以来，所见到的
最好看的一种鸟了。羽色鲜亮，体态优
雅，四枚尾羽长到老长后再微微向下弯
曲，乍看好像是雉鸡的漂亮亲戚。

它不像别的水鸟那样遮遮掩掩，它
一直都在相对空旷的浮水植物上走动，
并经常将长尾巴翘起来，展示自己的美。
看到我，它丝毫不怵，小细腿灵敏地往
后跳几步，还俏皮地侧一侧头，才"扑
啦"飞走。那小绿嘴上叼着的小零食也
不知是独吞了还是用去分享了。

因为贪恋这别号水凤凰的水雉的美，
我常跟着朋友去鄱阳湖寻访。有点出乎
意料，看上去温婉的它，居然那么强势。
为了疆土辽阔，一抵鄱阳湖，雄性们便

开始打斗。分辨水雉雌雄，不看长相看个头。一样的长相，雄鸟个头小，差不多刚及雌鸟的一半。

翻滚打、凌空打、压在水里打，从水面打到天空，又从空中压入水里，不断发出尖锐而短促的"喵喵"叫声。打到最后，相互"叠罗汉"，更厉害的一方将另一方死死压在水里长达五分钟，直到对方求饶才松开。当一只落荒而逃的时候，获胜方的眼里全是王之蔑视。

赶走外敌的雄水雉在雌水雉面前，却全无霸气。它们每分每秒都围着雌鸟转，变着法地讨好。谁让水雉是母系社会呢！

雌鸟们只负责生蛋，一季十窝，每窝约四个，茶叶蛋的颜色，鸽子蛋的大小。孵化、教养、保护，全部是雄鸟的事。这些事消耗能量，雄鸟变得消瘦又难看，像毛发严重掉色的麻鸡。但雄鸟没有丝毫伤心，它们尽心尽力呵护着自己的子嗣。

心疼爸爸过得辛苦，当爸爸外出觅食时，有些先出生的小水雉会像模像样趴在蛋上去帮忙孵化，使人心生慰藉。生活再苦，甜蜜总还是有的。这样想着，日子就好过多了。

须浮鸥

余干县有一片鄱阳湖水域布满芡实和野菱，鱼虾十分丰富，四周的芦苇丛隐蔽性很好，是须浮鸥的理想驻地。它们将几十上百个巢筑在芡实叶子上，像大部队营地。芡实叶子，像一块又一块绿翡翠，无比剔透晶莹。

腹部深色，尾羽叉分，玲珑饱满，秾纤合度。观察须浮鸥一段时间后，我特别想送它一个绰号：飞不死。它们似乎每时每刻都在飞。飞时，埋着头，不回顾，不悲哀，很像是一个永不知疲倦的生命在现实和理想之间奔走。只一人多高的飞行高度，给我一种只要站起来、伸手就能将它们捉住的错觉。但确实只是错觉，须浮鸥的飞行速度太快了，像虹似的一眨眼就消失了。

须浮鸥连相亲都是边飞边进行。相中后，一只立在叶子上，扬天叫。"嘎嘎嘎""嘎嘎嘎"，充满热情的渴望。倘另一只也有意，便会停落在它对面，开始像跳探戈一样地彼此交错着头和身子摆动。摆默契了，雄鸟会不停给雌鸟送食物。送来的食物，看得上，雌鸟就开开心心吃；看不上，接过来就往一旁扔。偶尔，这种不接受的动作会持续五六分钟，雄鸟都要愁死了。

须浮鸥产蛋不多，一年四五枚，怀孕的概率就很小，所以护巢行为尤其强烈：人靠近，冲向人，发出尖锐叫声并在人身上拉屎；伯劳等天敌来犯，彪悍发起攻击，打不赢也要打，打得赢更要打。

护犊情深的须浮鸥，却又热衷于伤害自家兄弟的孩子。只要成鸟不在家，它们会毫不手软地攻击邻居留守在"家"的幼鸟：啄它，溺死它；死了不算，还反复从高空将之抛下。所以，当成鸟都出去觅食的时候，有许多聪明的幼鸟就趴在巢里一动不动，装死，待成鸟回家一叫，它会立马抬头，张开嘴，接收食物。

一方面幼鸟成长非常快，每天需要大量食物，一方面又得戒备邻居下黑手，因此成鸟抚养非常辛苦，几乎每过十分钟就要回转一趟。为争取时间，它们练就了一套高超的喂食技巧，即像直升机一样悬停在空中，将食物投进幼鸟嘴中。

自然法则是残酷的，活下去都需要智慧。

凤头䴙䴘

在鄱阳县珠湖，看到一种鸟：脖长腿短的，个头跟鸭子差不多，嘴长而尖，黑眼线描得很夸张，几乎一路从眼睛画到了嘴角；头顶有一撮浓密细长的三角黑羽，头两侧经耳区到喉部，又有一圈棕栗色的环形颈羽，很别致。

这家伙，对自己的游泳技术显然自信得很，你看它一直在水里浪着，一会儿把头部朝下，没入水中，来一个漂亮的前滚翻；一会儿又一个猛子扎下去，来一段高速潜泳，之后，在远远的地方探出头来骄傲亮相。它是听到了我内心的尖叫与惊叹吗？居然把脸朝向我，将脖子刻意抻长，挺着小胸脯垂直立在水面上。此刻，它舒展的颈羽与冠羽，合生成一个色彩斑斓的心形羽扇，像孔雀开着的屏，又像是一张长满了络腮胡的清瘦人脸，细一打量，颇有几分美国老总统林肯在湖面巡视的神韵呢。

正要拍个视频向懂鸟的朋友了解下它的路数，一只"同款"鸟闯入镜头。它们在开阔的水面对立，展冠静默的样子，使四野弥漫着一股山雨欲来风满楼的腾腾杀气。它们昂首挺胸，深吸一口气，相向对冲。胸膛顶着胸膛，头部各自甩动，前俯后仰，左旋右转，一会儿在水面纠缠，一会儿在水下绕动。一只在水面张开翅膀跳，另一只在水下围着它快速地转，然后突然整个冲向空中……当真是"羽扇纶巾，谈笑间，樯橹灰飞烟灭"。因为甩头的韵律太美，这场江湖厮杀，更像是一场顶尖的芭蕾舞表演。

这段视频令经常在湖边忍饥挨饿、守株待鸟的朋友恨得要死："居然看到小凤儿的水上芭蕾，这令人发指的好运。"原来，是凤头䴙䴘呀！为了拍它，他曾特意买了一套潜水服，说是连头到脚套进去、穿上不会湿身。但是，那是骗人的，看到小凤儿时，他一激动，水就从颈子里钻进去，然后，湿透了。

朋友告诉我，小凤儿特别爱甩头。

交友，甩头吧。扎堆族群，你看我来我看你，对上眼了，抖擞"羽

扇子"，开始甩头。你左我右，你前我后，甩到同频共振，手牵手离群，肩挨肩找地方过小日子去。小家是建在水上的浮巢，能随水位上涨而漂起；搭窝的草叶，不仅不渗水，发酵时还会产生热量帮助鸟蛋孵化，使得孵化瞬间变得轻松。一些贪玩的凤头䴙䴘常在孵化期丢下鸟蛋不管，偷着乐一阵子。

示好，甩头吧。凤头䴙䴘有一种很高调、很别致的示好方法，叫踏浪。两鸟四脚，面对面快速游动，不停踏浪；踏着踏着，脱离水面，悬停，交错甩头，发出亲昵的嘎声。能持续几十秒的都是高手中的高手，因为踏浪实在太需要力气了。

搭窝，甩头吧。同时下水，同时叼起草叶，搭一下，甩一下。有时，

能天长地久；有时，搭着搭着，一只刚下水，另一只却跑了。跑就跑吧，还立马去跟别人甩头，简直太狠了；有时呢，半路会有程咬金杀出来抢地盘。

凤头䴙䴘是一种领地意识很强的夏候鸟。朋友说，刚才我看到的场面估计就是为抢地盘干上的。

很难想象那些拿鲜血甚至生命换来的巢，在小䴙䴘出生后，它们可以说不要就不要。它们把小䴙䴘驮在背上，四处游走。哪里有食物就去哪里，一时半会找不到食物，雌鸟就把自己身上的羽毛用嘴揪下来喂给小䴙䴘吃，直到独立。也许只有流动不羁的灵魂才配拥有无拘无束的生活吧。

棉 凫

　　来鄱阳湖度夏的鸭科鸟类当中，名头最响的当属中华秋沙鸭，情感认知更深的应是鸳鸯，与生活联系最紧密的是野鸭。可我最想拎出来写的却是棉凫。

　　理由有二：其一，是名字。棉，轻柔之物，轻盈又温暖；凫，一看便有鸭泅水的野性和生趣，再联想"枭"的勇猛强悍；这一阴一阳、亦柔亦刚的两个字，让"棉凫"散发无穷魅力。其二，是长相。圆圆的白脑袋，嵌两颗红眼珠，镶一圈黑色颈圈，墨绿色（雄性）或焦糖色（雌性）的翅膀在阳光下闪着金属亮光，气质当真不俗。

　　重约四两、长不足一尺的棉凫，是鸭科中最小的水鸟。它们跳跃轻盈，细瘦而不干瘪，多看几眼，似乎就能移步进宋代画家们那"夺造化而移精神"的工笔画中。

　　棉凫大多分布在印度、中国南部、东南亚和澳大利亚部分地区，一般都不会迁徙。只是这些年，许多地方的湖泊、湿地不同程度受到损坏，对环境要求特别高的小家伙们不得不重新寻找住地。它们将目的地锁定为生态越来越好的鄱阳湖。阿乙在《鸟，看见我了》中说：

据说，鸟从来不迷路，它们善于利用太阳、星辰等现成的伟大事物随时帮助自己确定方向。在这一点上，能心无旁骛探索到最适合自己的生存环境的鸟，比人有智慧。人，常常会被一些很轻浅很庸俗的东西困扰，看不远也看不破，所以常常迷路。

太阳从远处的地平线露出一个顶儿，一只雄棉凫抖掉身上的水珠，便开始不停发出欢快的叫声。这叫声，听上去很像是一个男孩子在"咯咯咯"地笑。一只雌棉凫被笑声吸引，嘴里发出"嘀嘀，嘀嘀"的声音，很像是女孩在撒娇。

忽然，天空飘来"一片云"。好家伙，一色儿全是披着墨绿色风衣的雄棉凫，"云"四散在这两只棉凫身边，仿佛四面楚歌。困在中央的一对儿，很快松开拥抱，头开始急速地上下点，点到一个点，迅速飞离鸟群。它们是赶着去筑巢蜜月吗？当然不是，它们是在逃难避险。

基因使然，棉凫中，从来都是雄性多、雌性少，加上它们严格执行一夫一妻制，"干掉它，我就是新郎"，江湖追杀令发出了。

一直追，一直飞，为爱，穷尽一生所有。天那么蓝，阳光那么灿烂，带着心爱的，去哪里都可以。

在困顿中浪漫，在缺憾中赞美，生命始终是一场不止息的流动，难怪会有那么多人渴望变成一只能飞的鸟。

白鹭，白鹭

白羽黑腿，长喙如铁，纤巧流线的体态，俊逸逍遥的风姿，扶风可借力上青云，掠水可照影话桑麻，鸟之中，以白鹭最为工整。

这种古称雪客、现又名鹭鸶的涉禽，喜暖，喜欢栖居在水边、湿地，以鱼虾、青蛙等小动物为食，对生态环境要求很高，几乎成了衡

量环境质量的活指标，是鄱阳湖的夏候鸟。它们每年二月底开始陆续从南方越冬地飞临鄱阳湖繁衍生息，一直住到十一月，与刚刚到达的冬候鸟们一起构成万鸟齐飞的壮丽景观。

鹭从南方来，可究竟"南方"是哪，我问了许多人，也没能得到一个标准的答案。一如为生计、后代奔忙的我们，无数个清晨与黄昏，辗转在各个赖以生存的场所。

白鹭家族有五个分支，即大白鹭、中白鹭、小白鹭、黄嘴白鹭和岩鹭，"人丁"一度很兴旺。近代以来，随着人类对环境的干扰破坏，加上由于它纯白色羽毛价值高（是人类极为偏好和觊觎的贵重装饰品）而导致的猎杀不断，种群数量明显下降。其中黄嘴白鹭已被国际鸟类保护委员会列入世界濒危鸟类红皮书；而习惯于在岩石上栖立、岩缝里繁衍的岩鹭是中国十一种高度濒危鸟类之一，在我国已难得一见。

白鹭趁北风集群而迁，数量从几十只到上百数千只不等。丰水季节的鄱阳湖，河湖一体，芳草萋萋，水满鱼肥，人在其中，犹如置身

大海。白鹭抵达鄱阳湖后，会派出少数精锐部队对往年营巢地进行察访。这些精锐部队在往年营巢地所在树林的上空盘旋，侦察几圈后折回，接着，歇息在滩涂的这群白鹭会集体再次探访，持续几天。觉得没问题了，便全体飞来定居。

没有求偶前的白鹭是群居的，捕鱼也是围猎式的。浅水湖沼边，铺天盖地全是白鹭，它们一起用脚赶鱼，鱼动了之后，争先恐后用长喙猎取。但围猎场景的持续时间不长，因为白鹭大致在三月中旬就开始进入繁殖期。

雄鹭是占据主动的一方。它们会主动飞到雌鹭跟前向其展示自己漂亮的蓑羽，同时前后伸缩脖颈。双方对视片刻，雌鹭会抖动并掀起浑身羽毛回应。受宠若惊的雄鹭见状，立即贴身上前。开朗大方些的雌鹭，还会主动迎上与之曲颈，比出如天鹅般的心形；羞涩内向的，会转身飞离，心照不宣的雄鹭紧追不舍，它们围着林子你追我赶，仰天鸣叫。插句题外话，白鹭"嘎嘎嘎"的叫声比鸭子不知难听多少倍。

半个月后，雌鹭眼看就要下蛋了，小两口赶紧搭窝过起自己的小日子来。鸟巢通常筑在水边附近树木的向阳隐蔽处，距地面高度大多为十几米，最高不超过二十米，也有的会筑在矮树下的草丛间。

筑巢枝一起选。选好后，一只鹭会将筑巢枝四周的枝条踩平或折断，整理出巢址，就近折枯枝铺在上面。另一只鹭站立旁边梳羽及担任警戒。筑累了，角色互换。安放第一枝巢枝比较困难，常从树上滑落，筑巢鸟会再折枯枝重新开始。第一天一般只能在筑巢枝上安放好几根枯枝。第二天后，开始从较远处运树枝。运枝与筑巢由两只鸟分工合作进行。运枝鸟叼树枝中间部位即重心处，飞到巢边，利用喙的不断张合，使树枝在喙间滑动，直到露出重心给站在巢上的筑巢鸟。筑巢鸟衔住中心部位后，不断用喙张合移动，直到便于操作时才放枝。

有的巢还未完全建好即有卵产出，只好边产边筑。白鹭产卵期为七天左右，基本是隔天产卵，卵数两至六枚。此时白鹭音质明显发生变化，是"咕噜咕噜"的声音。随着卵数增多，巢也需要不断扩大，两鸟只好不停地补巢、固巢，直到孵化期结束。

白鹭卵，是钝椭圆形，呈鸭蛋青色，全部产完后由两鸟轮流孵化。孵化期约一个月。这期间，两鸟的坐巢时间开始延长，离巢次数逐渐减少，孵化、觅食各领一单，有修补巢和翻卵的行为。对于此时来侵犯巢营的个体驱赶表现剧烈，再不是无伤害的嘴峰对峙，而是用嘴直接进攻对方的身体。

全窝雏鸟出壳时间相差三到六天。通常，雏鸟要出壳，会用嘴巴去啄壳，再自行钻出，天生发育不良实在是啄不破的，成鸟会帮忙啄一个小洞再扒拉开蛋壳。刚出生的白鹭全身湿润，眼紧闭，嘴大头小腹壮，活脱脱一只脱了毛的鹦鹉，可丑了。

育雏期间，两只成鸟轮流飞出觅食。夏天水满，白鹭的脚下不去，赶不动鱼，觅食通常采取守株待兔式，即独行侠般站在水边一动不动保持沉默，看似悠闲自在，其实精神高度紧张。一旦发现猎物，旋即实施抓捕。成鸟觅得食物先吞下或叼在嘴里，回巢后吐出，由雏鸟自取。雏鸟长得很快，经过练习，它们能够很快掌握野外生活的技能，三十几天就被父母赶出家门，另立门户。这一点比人类的孩子不知强多少。

下雨天用翅膀遮雨，大晴天用身体挡太阳，不停控制巢内温度，不停飞离巢区觅食，多时一天达三十多次……两只成鸟在育雏期的细致与温情很是让人动容。可尽管如此，雏鸟的成活率依然只有一半左右。除却外部因素的损伤，雏鸟之间也会争斗，体弱的、笨拙的常常被强健的、敏捷的从十几米高的巢内踢出去。生存进化之路，残酷却也无可奈何。

在白鹭世界里也有阴暗面：一个白鹭家庭会因失去夫妇一方而饱受其他白鹭家庭的欺辱；偶尔，一些白鹭会为加固自己的巢而去拆另一个家庭的窝，并把邻居幼小的孩子抛到地下摔死，残忍无比。本是同根生，相煎何太急。这些"黑"，让深爱

白鹭之"白"的我久久无法释怀，内心对它们的亲近瞬间变得无比脆弱。

想起之前，湖区许多农民告诉我他们讨厌白鹭的时候，我曾大吃一惊。漠漠水田飞白鹭，一块块水气泱泱、碧浪翻涌的稻田，多像是大自然赐配给白鹭的画框呀。画框里的白鹭，灵动、清新、雅致，多美呀。怎么会讨厌呢？

湖区农民讨厌白鹭理由很简单：一、好看不能吃；二、值钱不敢卖；三、大量捕食青蛙，踩踏稻田；四、剪子嘴，偶尔会偷吃田里作物。这些似乎无可厚非的理由，让我很有些不平静。说来说去，我们看待事物的好与坏、白与黑还是站在一个觉得人类是地球主宰、自然主人的立场上。对人有用、能产生实实在在的物质价值就是我们喜欢的"白"；对人有害、不能产生实实在在的物质价值就是我们讨厌的"黑"。我们忘了甚至不承认白鹭也是一种生命，它们也要生存。

尤瓦尔·赫拉利在《未来简史》中说，四十亿年来，自然选择不断调整和修补人类的身体，让我们从单细胞生物变成爬行动物，再到

哺乳动物，现在成为智人，但没有理由认为智人就是最后一站。现在人与动物之间的关系，很有可能就是未来超人类和人类之间的关系。如果不从我们周围的动物开始谈起，就不可能真正论及人类的本质及未来。

如果哪一天，地球上仅余人类，会怎么样？这个问号令我心惊肉跳，也使我对自己在知晓白鹭之"黑"后的反应警惕起来。不管是过去巨大的野兽还是现在纤巧的白鹭，都遵循着不变的自然选择原则而进化，都有其自身的丛林法则。作为人类，不凭一己之心去评论白与黑，才是大智慧。

水中捕快：鸬鹚

风起，鱼腥味扑面而来，这是我第二次来到管驿前村。

管驿前村位于饶河北岸，鄱阳镇西郊，曾是古饶州水路上的"官驿水栈"。濒临江湖，靠水吃水，这个有 500 多户 2600 多人口的扁担形村落，村民多以捕鱼为生，兼营造船、做鱼钩和贩运。正所谓鲜鱼出水养三家 (渔民、鱼贩、渔行)，管驿前一度成为鄱阳湖有名的渔村，国内同行、政府官员、驻华外交使节，都曾蜂拥至此参观游览。

刘冬生早早在村口等。62 岁的老刘，依旧是大手大脚大嗓门，黑里透红的脸上，爽直之笑满溢："来了好，来了好，快走几步，小家伙们都等不及了。"

老刘口中的小家伙正是我此行想要见的鸬鹚。鸬鹚属鸟纲，以鱼为生；嘴强而长，锥状，先端具锐钩；下喉有小囊，可存鱼。世界上共有 30 种；中国 5 种，即普通鸬鹚、斑头鸬鹚、海鸬鹚、红脸鸬鹚和黑颈鸬鹚。

这个不小的家族，在我国有广泛的分布，北方俗称鱼鹰，四川唤作乌鬼，南方多叫水老鸭，鄱阳人喊它鸬鸟。

眼神炯炯泛绿光，可快速潜入水中用尖端带钩的老虎钳一般的嘴捕捉鱼类，凶猛是其本性，故名鱼鹰。美国在 1985 年把"多军种先进垂直起落飞机"冠名为"鱼鹰"，似乎很好地说明了这种鸟潜水迅速、抓捕精准的特性。

神出鬼没，在水草丛生的水域用脚蹼游水；在清澈水域或沙底水域则脚蹼和翅膀并用；在能见度低的水域往往依赖敏锐听觉偷偷靠近猎物，然后突然伸长脖子用嘴发出致命一击。无论何时何地、无论多么灵活的猎物怕是难以逃脱被抓捕的命运，称之乌鬼，名副其实。

脚后位，趾扁，后趾较长，具翠青色全蹼，黑色羽毛微带紫蓝色光泽，外形像鸭子。在水下，会收紧羽毛，两只大脚在身后划水推进，快速穿梭。偶尔也会半张翅膀，用以帮助转弯，看似憨拙却无比犀利，叫水老鸭，十分准确。

鄱阳湖水乡多见的是普通鸬鹚。当鸬鹚挥动翅膀如黑色精灵出没于鄱阳湖万顷碧波时，唤之鸬鸟贴切得很。

人们习惯于把鄱阳湖的鸬鹚粗分为两种。

一种是野生鸬鹚。这些野生鸬鹚，每年 10 月从青海湖等繁殖地飞来鄱阳湖越冬，次年 3 月份左右离开。它们每年春天开始择偶结亲、筑巢垒窝。巢多建于水岸边的树上或芦苇丛中，用枯枝搭成浅盘状，盘底铺些草叶即好。雌鸟在四月份产卵。每次产卵约两至五枚，呈淡蓝色或淡绿色，由双亲轮流孵化。三十天左右，雏鸟出壳。刚孵出的雏鸟，两眼紧闭，全身裸露无羽，三四天后才能睁开眼睛。哺育由双亲共同完成，喂养方法很别致：成鸟张开大嘴，让雏鸟把嘴伸到它的食道里取食已半消化的鱼体。两周后，雏鸟长满绒羽，同时飞羽和尾羽也开始长出；两个月左右，才能飞翔和离巢；一百天后，跟随双亲一起下水学习捕鱼；约三年性成熟。

另一种是驯养鸬鹚。把野生鸬鹚加以驯化，用来捕鱼，以中国为最早。依《古农书简介》里的说法，驯养鸬鹚捕鱼，起于秦岭以南河源地区，三国以后开始推广。秦汉时代的《尔雅》及东汉的《异物志》里均有湖沼近旁居民多养鸬鹚入深水捕鱼的记载。鄱阳把驯养鸬鹚捕鱼称为"咬鸟"。

在管驿前，鸬鹚曾经是最棒的渔具之一。寻常年景，网船、钩船、卡子船都捕鱼不多的时候，鸟船上的"生意"（当地渔民对捕鱼量的

俗称）却十分惹人羡慕。羡慕归羡慕，各种捕鱼方式，从来都是"隔行如隔山"，更何况是集技术、资金和传统于一身的"咬鸟"术，可不是谁想干就能干好的。

我在邱国珍教授《似水流年忆渔村》一文中得知，管驿前的"咬鸟"户，是清朝道光年间从江西高安县迁来的，多为刘姓。几十户人家在精神上抱成一团，形成"刘家帮"，与邻县余干的"瑞洪帮"、鄱阳本县双港的"周家帮"（都为"咬鸟"渔户）三足鼎立，分段捕鱼。鸬鸟孵化、饲养、病瘟防治，都很专业，秘不示人。

我问老刘文章里说的对不对，他很痛快地告诉我，自己祖上从高安迁来，"咬鸟"技术传到他这已经是第八代了，只是今时不比往日，外头那些"先进"渔具太厉害了，一网下去，捞个二三十万斤鱼是常有的事，越发衬出鸟船生意的寡淡来。他还说，现在年轻人都重读书、有想法，不再指望靠力气吃饭，纷纷走出湖乡奔更广阔锦绣的前程，他自己三个小孩都有了很好的工作，"咬鸟"怕是从此以后要"相忘于江湖"啰。

经过家门口的时候，老刘用大嗓门朝敞开的屋里喊了一句："出船了！""晓得啰。"声音从里屋传来，是老刘老婆细小的声音。门里、门外，粗犷、绵柔，显形、隐身，与第一次来管驿前村的情景如出一辙。这老两口的交流方式，还真是有点意思。

清明前，国南兄打电话给我，说想看驯养鸬鹚孵化的全过程就赶紧来，他约了管驿前村"咬鸟"专业户刘冬生，同意讲解并探看。就这样去了。人还没见着呢，就听到一副大嗓门在前头吼："不想做，门也没有，除非我去（死）了，不然这鸟必须给我好好养下去……"

老刘14岁随父亲上船，一直依靠鸬鹚捕鱼养家，几乎跟"咬鸟"打了一辈子交道。在他眼里，鸬鹚不再是一种捕鱼工具，更像是风雨同舟的家庭成员，之间有很深的感情。而老刘老婆觉得，鸬鹚难养，食量又大，三个月禁渔期、两个月丰水期，每天要为每只鸬鹚至少买一斤鱼，辛苦不说还倒贴钱；待能下水捕鱼，收入也不大，只勉强够两个人的日常用度，再养下去意义不大。

老刘双手叉腰站在门外，像头暴怒的老狮子。而老刘老婆则隐身在敞开着大门的屋子里，不紧不慢的声线里透着农村女人特有的韧与倔。

我们的到来给了老刘一个再好不过的台阶："来客了。不吵了。反正你小心看着那片光就行。"

他不好意思地朝我们眨了眨眼："见笑了，见笑了，其实平日里我们感情挺好的。"老刘善谈，他说他知道老婆说得对，这些年管驿前村的"咬鸟"户从六十多户缩减到五户，自家鸬鹚从四十多只到只剩十三只，每天捕鱼量从最高时的两千多斤减少到现在的几十斤，早看得人心里透凉。但放弃"咬鸟",从感情上他接受不了,没办法舍弃那些小家伙,那样是拿刀子剜他的心。

老刘领着我们来到孵化鸬鹚的那间屋子,老刘老婆正端坐在一张小凳子上。她说,养鸬鹚是操碎心的事情。母鸬鹚每年只一次下蛋期,要到三四月份,每期通常下十多个,多的约二十个。一般是隔夜一个,有时隔两夜一个,大小跟白鸭蛋差不多,但蛋壳较软。得凑齐十五个以上再进行孵化。孵化时间久,要一个月。因鸬鸟每天都要出门觅食,又找不到那么多能孵的母鸡,只能靠人工。准备一个大纸箱,底上铺一层棉花絮,挨个把蛋排放好,再盖一层棉花絮。用 15 到 20 瓦的炽光灯泡以悬高一尺的距离加热并保持一定的恒温。冷了会冻死,热了会闷死,一天二十四小时,自己得不间断地盯着。一个月真是苦不堪言。小鸬鹚出生后,很长一段时间自己不会吃东西,得靠人工用小勺子,像喂小孩似的去喂。以小鱼、黄鳝切成沫为主食,每天两到三次,量由少渐多。约四五十天后,有七八两大,羽毛长齐,再加喂豆类等食物,同时也可将其放到小溪浅水里,以老带新训练潜水捕鱼。长到五个月左右,基本成年才算是解放了。

现在能看到刚出生的小鸬鹚不?

还早呢,再晚十天半个月差不多。不过也最好别看,可丑了,皮肤红红皱皱的,一根毛也没有。当年第一次看到孵出来的小鸬鹚后,我可是连着几天吃不下一口饭。

管驿前村的房子大多临河而建。老刘家的建在沿河圩堤外面。为避免洪水袭扰,他与这一排房屋的邻居们一样,将底下一层建成空的框架。水起水落,这一层空架子啊,一年四季都是湿漉漉的。

鸬鹚喜湿,老刘在这里将几根竹篙一搁,小家伙们便有了最好的家。

老刘一现身，小家伙们瞬间热情高涨，纷纷摇头挥翅，用巴巴可人的眼神看着他。这与我第一次见到它们时的情形完全不一样。

第一次见它们，也是在这里。当时老刘正大着嗓门跟他老婆吵架，为避免尴尬，我们一折身拐下台阶，自行先去看他家的鸬鹚。

十几只鸬鹚分散立在几根竹篙上，对我们的到来丝毫不以为意。它们长久地看着远处，又或者将头放到翅膀里面睡着不动声色的觉，眼神、表情极其冷漠，像武侠小说里遗世独立的杀手。

不理就不理吧，正好仔仔细细将它们瞧一个够。

羽毛黑亮，头部偶见白色丝状羽毛，嘴角和喉囊部黄绿色，眼睛下方白色，瞳仁是绿色，两肩背和翅羽铜褐色并泛金属光泽，羽缘暗铜蓝色，尾圆形，虹膜翠青如宝石。眼里的寒冰之冷，无端使我要送它们一个绰号——"水中捕快"。

老刘把鸬鹚竿子往肩上一扛，在船帮子上"嘭嘭嘭"地拍上几下，嘴里"哦哦嗬嗬"叫唤几声，小家伙们便张开翅膀，依次踩上了竿子。竿子一走一颠，鸬鹚一摇一晃，宛若坐在轿子里的小娇娘。

老刘似乎对其中几只特别喜欢，不时用眼神跟它们交流，偶尔会腾出一只手，摸摸它们的羽毛。询问之后，才知这几只鸬鹚两三岁，相当于二十几岁的棒小伙，捕鱼能力特别强，"出征"前，多做情感交流，效果堪比赛前动员。据老刘说，区分成年与非成年鸬鹚的简单方法就是看毛色，毛色黑亮的是成年鸬鸟，灰褐色花白肚的多是年幼鸬鸟。幼鸟扎猛子多，逮鱼少；成年鸬鸟之间也有优劣高下，这跟基因有关。比如有些鸬鹚天生只咬鳜鱼，得此鸟，捕鱼收入会很高，一般情况下，头大、嘴钩子长且粗的，能力就差不到哪去。

驯养鸬鸟捕鱼有技巧，老刘的大嗓门从前面传来。我打趣说，老刘，你小点声，别让大家伙都偷学了去。老刘大大咧咧回道，正愁活计失传，学了去才好。

鸬鹚开始并不愿意为人效力，得先准备长长的绳子，一头系在鸬鹚脚上，一头系在水边树桩上。然后，驱赶它们下水。鸬鹚捉到鱼，必须要浮出水面才能吞咽，这时赶紧向它们呼喊，并迅速牵绳子让它们上岸，取走鱼。将鸬鸟的饥饱控制在"咬鸟"户手上，表现好了再奖励些鱼食给它们，久而久之，它们也就知道怎样做个听话的好孩子了。驯养后的鸬鸟都能自力更生，也能熟练识别同群的鸬鹚和栖息的渔船。

老刘将一些尺来长的禾秆芯，在清水里浸泡 10 分钟左右，像戴红领巾般，在每只鸬鹚脖子上系上一根。我有些意外，那些对外人冷冰冰、不可一世的家伙竟然会顺从地将脖子乖乖扬起，接受绑扎。扎脖子也是一个技术活，不能太紧也不能太松，以能伸进去一根手指的围度最佳。太紧呼吸窘迫；太松又怕它把捕到的鱼一口吃下，吃饱了的小家伙们可是不会干活的。这就是为什么每次下河捕鱼前不给鸬鹚吃东西。

人的智慧对于某种生灵也是一种残酷，突然有些心疼起这些鸬鸟来。

近水知鱼性，老刘在这片水域闯荡了几十年，哪里有鱼，水深水浅，心里头门儿清。我们的船跟在他的船后头，他停下来，我们也就不再往前划了。

"船头一声鱼魄散，哑哑齐下波光乱。"当老刘用竹篙拍击水面，嘴里发出一串"嗨嗬哦嗬"的喊声后，小家伙们就像是接到出征命令的勇士，翅膀一张，墨色身形如黑云压顶般很快遮蔽了湖面。

空中一个云里翻，入水时，头朝下，屁股一翘，荡开一圈细细的涟漪。水面平静了好一会儿，水下惊心动魄的捕猎全凭想象。之后，有"噼啪"声传来，一只鸬鹚嘴里衔着一条金光闪闪的鲤鱼冒出湖面，鲤鱼的鱼尾还在不停甩动。老刘连忙用竹竿将鸬鹚抄回，一手抓住鸬鹚的脖子将鱼取出，放进活水舱内，一手顺便从竹筐里取一条小鱼犒赏有功之臣。鸬鹚得小鱼后将脖子一伸，吞进喉囊，接着又一个猛子扎进了水里。

十几只鸬鹚比赛似的，潜水浮起，不多时，活水舱里的鱼挤得满满的，噼里啪啦声响个不停。

老刘说，春季是鱼类的主要繁殖期，这也是政府禁渔三个月的原因。春节过后，随着气温上升，母鱼开始甩子产卵，时间集中在后半夜到第二天上午十点前。一条五斤重的母鱼，能产出一斤半左右的鱼子。整个甩子过程可持续约一周。在夜里，常常能听到啪啪击水声。

清明节前后是鱼类一年中最集中的产卵期。这时候鱼不活泼，活动受限制，不禁渔怕是什么鱼都会被捉光。

夏季也不适合。一方面鸬鸟怕热不怕冷，水温太高，会有性命之忧。另一方面夏季水满，鸬鸟虽被称作鸟类中的潜水冠军，最深可潜十九米，最长潜水时间可达七十秒，但最适合它开展抓捕的潜水深度以三到五米为最佳；水太深会影响到鸬鸟的作战能力，通常也是做无用功。

一般过了农历九月九，天气转冷，水位下降，水温降低，"咬鸟"才最适合，咬得也最多，有时候一场下来能捕好几百斤鱼。鸬鹚的羽毛防水性极差，身体很容易被浸湿，所以不能长时间待在水里，得将身体晾干后才能再次入水。一次捕鱼的时间通常控制在一个小时以内，时间太长，体力不济。

老刘将小家伙们招呼上船，把船开到了岸边，用早已准备好的小鱼犒劳它们。饥肠辘辘的鸬鸟闻到鱼味，抖抖身子，拍拍翅膀，争先恐后地围在老刘身边。吃完食物的鸬鸟，在秋阳下张开翅膀，将头微微向上仰，小身板挺得直直的。

我们坐在巷子里聊天。

"世上什么苦，掳（捕）鱼磨豆腐。"我问老刘，掳鱼最苦的是起早贪黑的艰辛、空无一人的寂寞还是丰歉难料的生活？

老刘呷了一口谷烧，眯眼想了一会儿，说水里求财，最苦是人在水中遇恶劣天气。暴雨如注，天地一统，辨不清方向，恶浪随时可能打来将小船席卷。真是黑天黑地的恐慌、黑天黑地的绝望。

除了打鱼，平常有什么爱好？

我不抽烟不打牌不听戏也不爱花钱，就是好一口酒。高兴时喝，难受时还喝。

我看了一眼凳子上放着的那杯谷烧，很快就见底了。这爱好倒挺对老刘脾气的。豪爽又幽默，坦荡而善良，清苦又有趣，天大的事都付笑谈中。就是这样子。

鸬鹚能捕多少年？捕不动了怎么办？

一般能捕十年左右。捕不动了，就用酒给它送行，在一场好梦里告老还乡。酒是白酒。鸬鸟酒量不行，约二两就够了。不养鸬鸟的人都说鸬鸟体臭，味难闻，我从来都不觉得，如果哪天闻不到了，我这心哪……

老刘眼里涌起了一层薄雾般的忧伤。

我试着转换话题。渔民都信命，敬天畏地拜菩萨，"咬鸟"户有什么禁忌或者说不一样的习俗不？

以前是有的，除了晏公信仰，我们还有一艘专门供菩萨的"老船"，以及每年两次较大规模的敬神活动。一次在正月，一次在七月。正月的敬神我们不公开，严禁外人参加，看热闹也不允许。目的是求得"孵鸟"的顺利成功。为时两天，从十五到十六，仪式在半夜或凌晨举行。香案摆在河边，案上点香燃烛，并摆有鸡、鱼、猪头等供品。敬神时，我们这些"咬鸟"户都毕恭毕敬。待神灵和菩萨降临时，主事人把扎好的稻草船放在砧板上烧，然后推向水中。这时，鞭炮齐鸣，还有专人用竹篙敲打渔船上的竹篷。仪式一直持续到天亮才结束。农历七月的敬神是为马上要到的鱼汛操办的，很隆重也很热闹。"七月十三，鸟船拢班。"除了拜菩萨，我们还会请戏班子演戏酬神。这个时候，春天孵鸟成功的要用猪头还愿。可惜辉煌时（岁）月都过去了，"咬鸟"户急剧萎缩，对神灵的朝拜也慢慢变得敷衍。

我理解老刘对鸬鸟不一样的深情，我也喜欢鸬鹚捕鱼所展示的水乡诗意：江水茫茫，一叶小舟泛行湖上；渔翁头戴斗笠、身披蓑衣，身旁置一鱼篓，竿子上立着几只鸬鹚，多美。但是，我没有安慰老刘，也没有悼念"咬鸟"这一传统技艺的日渐式微。我为鸬鹚感到高兴，千百年漫长岁月的驯养，它们终于能挣脱脖子间那根绳索的绑扎回归荒野，做自己的主人，饿了就入水捕食，饱了就在太阳底下自在晒着翅膀。

这或许才是一场自我解放的伟大胜利，才是自然界真正的诗意。

天空瓦蓝，野草碧绿，牛群在大堤垂首，渔船在水里荡漾，十月的管驿前村，俨然鄱阳湖中的画廊。

达子嘴的苍鹭林

　　鄱阳湖上都昌县。离水很近的都昌，日子是长在湖上的。

　　湖面上从早到晚漂浮着阳光。苍鹭涉水而行，细长的两条脚杆交替着高高提起，弯折九十度，四只带蹼的趾爪蜷缩如拳；稍稍停顿后，脚杆下斜，张开的趾爪如一片嫩叶无声落下。那优美的行进节律仿佛两把小提琴在重奏。飞时，翼展近一米，敏捷又迅速；静时，单腿直立，一动不动，宛若雕像。

　　这些从南方飞来鄱阳湖度夏的苍鹭不像野鸭、大雁那么喜欢热闹，它们是沉默的王，喜欢将家安在高高的树上。非孵化期，成双成对栖居的苍鹭很像城市里的上班族，除晚上回窝拢在一起睡觉外，白天各忙各的，互不打扰，就连觅食都相距很远，好像两个互不相识的垂钓者，静静等着鱼儿上钩。它们或许是这个世界上最喜欢安静的水鸟了。

　　达子嘴村的徐坤福和往常一样，背着手去苍鹭林巡视。

　　达子嘴村是都昌若干小渔村当中的一个，人不多，只 26 户人家；面积也不大，倘若置身于鄱阳湖上空三千米的高度俯瞰，不过一只甲壳虫般大小。甲壳虫身上光耀着迷人的绿。杉树，松树，樟树，苦楝树，

竹子……长在背后山上的这些树都是达子嘴的老朋友，一代代人被风雨吹老，树却愈发地苍郁繁茂起来。这样一片绿，嵌在银光闪闪的湖面，真是要多提气有多提气、要多好看有多好看。苍鹭纷纷在此筑巢生子，最多的一棵树有鸟巢 30 多个，真是要把人的眼都给数花了。

年近 70 岁的老徐说，祖宗传下来的林子起先是不大的，树也稀疏没现在那么多，却也曾住过许多鸟。也许是小渔村当年的日子太过枯燥乏味，先人们没事就去背后山林子里掏鸟窝、拆鸟巢，偶尔还会抓一两只红烧了下酒。鸟的心底弥漫忧伤与愤怒，慢慢来得就少了。最后飞离达子嘴的鸟传说是只乌鸦，在乌鸦"嘎嘎嘎"的凄厉叫声中，达子嘴先后有两艘渔船在老爷庙附近水域出了事，六七口人无一生还。少了鸟声的林子空荡荡的、死沉沉的，许多本来长势好好的树莫名其妙就枯了、烂了，村子里的翻船事故也接二连三多起来，先人们心里惴惴不安。

那时候，达子嘴的先人们还不知道渔船出事的地方就是日后被世人称为"东方百慕大"的魔鬼水域，仅20世纪60年代到80年代，就有百余船只在这片水域离奇失踪、尸骸无存；他们也不懂得科学界有北纬30度这个说法。北纬30度被称作"地球的脐带"，在这根脐带附近，有许多神秘又无解的自然现象，比如百慕大三角，比如埃及金字塔，比如传说中的大西洲，比如最高峰珠穆朗玛峰。老爷庙水域刚好也处在这根脐带上。

艰辛、莫测的水上生活使达子嘴人的内心一直都处在摇晃的状态，他们越来越觉得鸟飞走后，达子嘴似乎也失去了某种"庇佑"。越是平静的湖面看着越觉得惊慌，他们时常担忧，一个浪头打来，潘多拉的盒盖被掀开，"魔鬼"会在湖面肆虐。

流动的不安，使他们开始把稳固的山林当作福祉。他们认定背后山是一方宝地，每次出湖前，都会去林子里转一转，跟自己一眼相中的大树抱一抱，祈求平安。在村民眼里，树高林密的背后山，多像一个敞开怀抱的千手观音啊。千枝万条是观音无所不在的手，慈悲为怀的手，一定可以摁住风浪、保人平安、赐予达子嘴满仓鱼粮的。

达子嘴人，从此再不轻易砍伐一棵树，甚至折断一根枝，他们用实际行动向自然忏悔。他们全心全意保护好一片林子，等待鸟儿们的回归。鸟是吉祥的化身，百鸟投林的那天，才是达子嘴村真正人丁兴旺、顺遂平安的时候。

二十年前的一个春天，树叶由鹅黄转为淡绿。两只苍鹭在背后山的林子上空悄然盘旋，老徐是第一个瞧见它们的人。金黄的眼睛，橘橙的喙，长长的头颈长长的嘴，长长的翅膀长长的腿。多美的鸟呀，尤其那包裹在狭长如柳叶尖儿的眼睛里的滚圆瞳仁，一层虹膜覆盖其上，是哲学家般若有所思的况味。

两只苍鹭停驻于最高的那棵古松，抵颈而语，发出"刮刮刮"的鸣叫，似乎在表达"好吧，好吧，就是这儿啦"。激动不已的老徐长久跪在祖宗牌位前祈祷，祈祷苍鹭能真正留下来。当这对苍鹭在背后山古松上垒起第一个鸟窝的时候，蕴藏许久的那汪水从老徐的眼窝里淌了出来。

十余天过去，巢里有五六枚蓝绿色的椭圆形鸟蛋了，雌鹭端庄地拢坐巢中，仿佛母仪天下的皇后。而雄鹭，甩了甩区别于雌鹭的状若小辫子的羽冠，用喙梳了梳"夫人"的苍灰羽毛上覆饰着的洁白如玉的羽翎，张开翅膀外出觅食了，它黝灰的羽毛上散布着的黑斑无比帅气亮堂。

老徐招呼村里几位老庚(同一年出生的朋友)与他一起，每天义务巡林护鸟。苍鹭就是他们的宝，谁也别想伤害到一分一毫。

在老徐心里，苍鹭是有大智慧的。它们不鲁莽、不焦虑、不贪婪，最懂细水长流。肚子再饿，也要先飞到湖汊上空，盘旋、观察一段时间，然后飞到草丛里捉虫投放到刚才观察的水域——捉，投，再捉，再投，直到鱼儿扎堆。鱼越聚越多，苍鹭不再捉虫，转身飞到岸边，用长嘴折一根虫子般大小的草秆投进水里。鱼儿以为草秆也是小虫，争先恐后抢夺。坚硬的草秆随着泛起的水花来回漂动，鱼儿根本无法吞下草秆，便气急败坏，宁静的水面顿时乱作一团。此时，苍鹭瞄准一条准备去抢食的小鱼，找准位置却不是瞬间起飞，而是先悄悄走到较远的地方再起飞，以奇兵突击的方式迅速将其叼住吞下而不惊动旁鱼分毫。几条鱼下肚，苍鹭饱了，它坚决飞走不留恋。一场动物界惊心动魄的"猎杀"完美收官，苍鹭单腿站立、长颈弯曲朝后，将头枕进墨黑的羽毛休息，只剩下混沌的鱼儿，还在没心没肺地抢食那根草秆。

绝顶聪明的苍鹭，自然也懂得达子嘴人的友好，第二年，它们以集群二十几只的方式回应人的善意。达子嘴人高兴坏了。苍鹭在空中衔枝，他们在地上忙碌。忙什么呢？当然是忙着捡拾地上被风雨吹折的细树枝呀。他们将捡来的树枝砍成 70 厘米长短，撒落在林子四周，方便苍鹭取材营巢；他们组建了以老徐为队长的巡护队，24 小时安排人巡林，确保苍鹭不被人猎杀，不被人毁鸟窝、掏鸟蛋；他们栽种了越来越多的树；担心春季鄱阳湖里的鱼不好捕，他们还特意疏浚了六口小池塘，以每家凑份子的方式每年购买五六千斤小鱼投放到池塘里，为苍鹭开设"专属食堂"。

如今，二十年过去了，背后山的林子从过去的十余亩扩展成今天的三十多亩，苍鹭也从过去的两只聚集到今天的四五千只；二十年过去了，达子嘴人丁越来越兴旺，日子越过越红火，有望成就达子嘴江南第一鹭村的美名。

山水灵秀，有时也不只是大自然的造化之功吧！

苍鹭会心飞过。

豚 音

头部钝圆钝圆，上下颌几乎一样长的弧线天然上扬，小牙齿密密排着，两只小眼睛，被肥嘟嘟的肉儿一挤，挂在大脸两边……每分每秒都保持微笑的江豚多可爱呀。然而，发现猎物后的江豚却堪称凶猛：往前冲，快速转体，用尾鳍击水、搅动，惊散鱼群，再迅速接近、咬住、吞咽。如果集体发现鱼群，就分开游动将猎物包围，协力在水面激起数十厘米高的涌浪，将数十至上百条鱼迫出水面，一片银光闪闪。

　　江豚宝宝在母体中生长的时候是个慢性子的小霸王，一座母体宫殿只能住它一个，优哉游哉待足十二个月后，它才伸个懒腰决定出来。先露尾巴，再出身体，最后是头部。娩出后，小霸王奋力向上游动，母豚则腹面向上，身体朝孩子相反方向远冲，用力拉断脐带。小霸王借力浮出水面，向着生命的天空展颜欢笑。江豚与人类一样，有很强的母性，经常带孩子欢快地出水觅食。驮带时，仔豚的头、颈、腹部紧贴母豚背部，活像我们人类的母亲背娃。驮带时，母豚常用鳍肢或尾叶托着仔豚的下颌，帮助它出水呼吸。

仔豚吃奶非常困难，它必须跟妈妈保持同样的速度，等妈妈把肚皮翻上来，才能吃几口。因为需要用肺呼吸，它每隔一分钟左右还要浮出水面透透气，不然会被憋死。也就是说，好不容易蹭着母亲的奶头的它，没吃两口呢，又得暂停让自己浮出水呼吸，真是一点也不尽兴。

过去，长江一直是江豚的"快乐老家"，长期以来，那绵延数千里的长江里到底生活着多少江豚，恐怕谁也无法数清。但是到了二十世纪八十年代，长江大开发，航运不断使水体严重被破坏，几乎没有什么鱼了。"饥饿的江豚""江豚倒在迷魂阵旁""江豚被螺旋桨打死打伤""江豚困死乱采砂石的大坑中"……各种悲怆的呼声悄然埋没了许多江豚的身影。现在，全世界仅剩下一千头左右的江豚了。创造一个物种，要几百万年光阴，毁灭一个物种，却只需要几十年时间。

"世界吻我以痛，而我报之以歌。"江豚选择把航运少、鱼类资源丰富的鄱阳湖当成最后的"避难所"。无论遭遇什么伤害，无论境遇再怎么不堪，这些精灵，从始至终保持微笑，笑着繁衍、笑着生活、笑着涉险、笑着赴难，一如既往地在水中安静悬浮或翻腾转动，没心没肺地对人类亲近友好、喷水嬉戏。这番气量胸襟，难怪没有天敌，难怪可以在地球上存活两千五百万年之久，并一路走到食物链的高处。

宋代诗人孔武仲在《江豚诗》中写道："黑者江豚，白者白鬐。状异名殊，同宅大水。"黑不溜秋的江豚，人称"江猪"，这非猪非鱼的江猪，对大风感觉敏锐，每当刮大风前、江面顺风起浪时，会朝着起风的方向"顶风"出水。这就是江豚拜风，曾是渔民最重要的水上预警，渔民据此就知道，大风要来了，不能出湖捕鱼，以免发生意外。而"白者"白鱀豚在阳光照耀下，闪闪发光，招人怜爱，加上本性善良，但凡看见有人不幸落水，会围在一起救人，湖区渔民奉之若神灵，称它们为"长江女神"。可惜的是，白鱀豚多年前已被宣告功能性灭绝，江豚成了长江里硕果仅存的哺乳类动物。

同事发过来一张江豚流泪的照片。照片拍摄于 2011 年。那一年，长江中下游地区连续干旱，水位持续下降，科研人员对救助的江豚进行体检时，江豚眼睛里缓缓流下一滴眼泪。那一滴眼泪，写满凄凉、无助。

在网上搜集资料时，我用五笔字根输入词组，想打出"江豚"，显示的却是"满月"两个字。月上中天，皎皎其华。一轮满月，仿佛自盘古开天辟地起的一个永恒存在，万籁俱静的夜晚，与之对望，人似乎可瞬间回溯到自己最深最远的故乡，使情感得到极大慰藉。可紧随慰藉而来的，却是一种关于生命的荒凉感。这荒凉之感，生生使人从心底深处升腾起无名的哀恸。

月凉如水。生命来源于水中。江豚和人类共享同一条江河。"满月"是江豚的隐喻么？那一刻，太阳陷入乌云的包围圈，世界很快暗淡下来。

在我有限的认知里，余干康山大堤有个江豚湾，听说是江豚出没最频繁的地方。我满怀希望去往那里。然而，却失望而归。在信江、抚河、鄱阳湖三水合流的美丽江豚湾，我守了五六个小时，也没能瞧见一只江豚的身影。余干的朋友安慰我，也许江豚怕热，都躲在水底贪凉呢；又或者夏季是丰水期，一湖清水流过几千平方公里，江豚贪玩，满世界旅游去了也说不定。多来几次，肯定能见到的。

没料到，我与江豚会以这样的方式初见。

也是五月的一天，斜风，细雨，我随省水政总队去巡江巡湖。一头江豚静静地泡在水里，尾巴被细线缠绕了好多圈，脸上微笑依旧，眼睛却再也不能睁开。它的身上沾满血迹，有许多伤口，腹部上的一处血洞尤其狰狞、触目。

难以想象，这头江豚之前经历了怎样的挣扎、承受了怎样的痛苦，是血洞在替死去的它"开口说话"："再过三两个月我就可以当上母亲了，是那些滚钩阻断了我所有关于未来的想象。而我腹中那个已经殒失的豚儿本来只需很短的时间就能和人类的孩子一样，学会所有本领，跟我哭、对我笑，在满江湖里调皮捣蛋。"

我多想此时此刻有一场大雪纷纷扬扬啊。纷纷扬扬的大雪，一直下到江豚体内，将所有伤痛填满。

之后一段时间，我几乎每天早晨都会遇到同一辆车、同一个人。

车在沿江快速道的江边辅路靠右停着。副驾驶那一侧敞开的车门与路边一小排树形成一个曲尺形的天然屏障，如此，屏障与车身夹着的那一个小天地，就是一个隐匿又开阔的舞台了。

舞曲从车内扬出并向外盘旋。盘旋之声仿佛一根无形的柱子。一个壮硕健美的男子，面朝赣江、攀着柱子不停耸动双肩、扭动身体、抖动双腿，仿佛一条蛇在苏醒。他光着膀子、赤着双脚、只着一条湿漉漉的泳裤站在那里，旁若无人、兀自舞着，似乎心里正奔涌着一条江的荷尔蒙。起初，我自然是被他给吓着了，我使劲摁亮电动车最高速的那个档，从他的车旁落荒而逃。但我很快发现，我不过是在自己吓唬自己，每天，那个男子只倾心于自己的舞台，连眼都不曾睁开过。

当速度归于平稳，好奇心便占了上风。以后路过，我都忍不住去打量他的样子、想象他的故事、揣测他的命运。

流线型的身体，发达的肌肉，光滑富有弹性的皮肤，还有灵活无比的腿部，他的样子多像白鳘豚淇淇呀。淇淇是一部名叫《豚殇》的纪录片中的主人公，于 1980 年被渔民误捕。铁钩在它的颈背部钩成了两个直径四厘米、深八厘米、内部连通的洞，送往中科院水生所时已经半昏迷。专家想尽办法总算是将它抢救过来了。

伤好后的淇淇被移至离水生所六公里的研究基地生活。说是基地，其实就是一片鱼池。但生性活泼的淇淇很喜欢这片鱼池。它对声音特别敏感，有人来了就无比兴奋，在靠近人的水中快速游动、翻腾，甚至用尾鳍不停拍水。它痴迷玩具，

"水中大熊猫"江豚

江豚是一种小型鲸类，是鼠海豚科江豚属仅有的一种，仅分布于长江中下游干流以及洞庭湖和鄱阳湖等区域中，在地球上已经生活了 2500 万年，属于国家一级保护动物，被称为"水中大熊猫"。

尤其是救生圈，最喜欢把身体趴在救生圈上，或者钻来钻去，玩疯了连饭也不吃。

四年后，淇淇进入青春期，必须给淇淇寻找伴侣了。

母豚珍珍初到水生所时，淇淇非常紧张，紧张得都不吃东西。它们你看我，我看你，头对头好像互相观察。珍珍很勇敢，主动接近淇淇。两三天后，它们慢慢熟悉。后来，当淇淇表现激动时，珍珍会迅速游到它身边，用自己的身体与它摩擦，直到淇淇平静。正当珍珍就要和朝夕相伴的淇淇完婚时，一场突如其来的肺炎结束了它年轻的生命。

珍珍死后的那些日子里，淇淇在水中孤独地游着，发出凄惨的叫声。研究人员察看从池底的水监器捕捉到的声音图谱，发现这种声音是淇淇过去从来没发出过的。这也许是豚类特有的悲鸣吧。

淇淇在鱼池里孤独终老。它开始出现一些孤独环境下高等生物所表现出来的严重的心理问题：总是长时间地贴着池塘壁游泳、任何异样的事情都会使它异常兴奋、食欲不振，以及各种疾病，等等。

研究所的工作人员再也无法从长江里帮淇淇找到伴侣，甚至从整个地球都无法帮淇淇找到伴侣。

淇淇的肤色越发深重，皱纹也多了起来，显得老态龙钟。它的牙齿已经快磨光了，捕捉食物的能力明显变得呆钝。在它弥留之际，工作人员为了让它可以吃到鱼，在将鱼投入水中之前将鳃挖掉，让鱼慢悠悠地游。即使如此，它常常还是"心有余而力不足"。2002 年 7 月 14 日早上 8 点 25 分，淇淇"沉睡"池底，用永恒的微笑与世界告别。

冰雪消融的早春，圆梦时刻到来了，今天我梦见我要回家了。别了，我深爱的"妈妈"！再见了，岸上的伯伯们！此刻，我终于看见了宽阔的长江，虽然我不知道这条大江的前方是否漩涡密布，但是，我会继续追寻我们曾经拥有过的天堂和梦想，好好地活下去！

这是片尾，豚类的心声。

努力让某一物种得以延续的意义，并非为了规避什么，也不在于为它辩护，更不是为了寻求永生，而是为了努力证明，它的存在对世界赋予了怎样的意义。这只是白鱀豚的消失吗？只是江豚的危机吗？当环境被破坏，人类能独善其身吗？自然的生态系统，一种生灵消亡，人类就少了一种依存，从而更加脆弱。

我捕捉到了盘旋之声、大蛇之舞背后一个人的孤独。是的，难以言说的孤独。

银鱼满仓

"鱼崽（鱼儿）是者（个）鬼，又费油盐又费米。"小时候，母亲每次烧鱼给我们吃，都会嘟囔这句话。

之所以反复嘟囔，我是这样理解的：一是母亲心疼油。满山满岭的木籽从山上摘下、运回、晾晒，再搬至乡村作坊炼制成油，实在是太耗心力与时间了。二是心疼米。父亲在外工作，家中三亩薄田，租给乡亲耕作一年，不过几担稻谷"收成"，仓廪虚，主妇本就愁，遇上鱼的美味，再节俭克制的大人都会忍不住跑饭甑旁多添一碗饭，何况家中还有三个正在长身体的孩子。

鬼里鬼气的鱼，一方面用美味"诱惑"人；一方面又心怀"异志"，将一干尖刺悉数藏在身上，随时准备伤人于不备。这不，午饭时，早已成年的我的喉咙，轻易又被一根鱼刺给伤着了。呕吐，吞咽，灌醋……我对它用尽招数，最终也没能化解这"如鲠在喉"的切肤之痛。

肿胀着喉咙去找医生。医生用镊子将鱼刺取出来，放在我的指腹。指腹之上，鱼刺如此纤细，我很有些怀疑，之前密集的痛是一场噩梦。"再不吃鱼了！"我捂着喉咙发誓。"因噎废食？"医生不置可否，"推荐你吃珠湖银鱼，不仅不伤'凤喉'，还能益脾润肺、补肾去虚。"

鄱阳盛产银鱼，以珠湖出产为最优，自唐朝起，年年要向朝廷进贡上千斤银鱼干。在明代，鄱阳银鱼与松江鲈鱼、黄河鲤鱼、长江鲥鱼一起，并称中国四大名鱼。形如玉簪的鄱湖银鱼，看上去无鳞无刺、无骨无肠，和面粉做成丸，或做成春卷；与鸡蛋蒸，或炒，或做羹汤，美味营养得很。

白小群分命，天然二寸鱼。细微沾水族，风俗当园蔬。人肆银花乱，倾箱雪片虚。生成犹舍卵，尽其义何如。

白小，是银鱼的古称，诗圣杜甫这首咏物诗，当真写得形象生动：若隐若现的浮子，颤颤悠悠的法绳，富有节奏感的渔船号子，一张渔网在湖区一扬一收，网中银鱼，便如雪花般乱入。那种密集的攒动，总使人联想，云层之上，是不是藏匿了无数个刀工极好的神厨；神厨们比赛似的切出无数细小的白萝卜丝；白萝卜丝纷纷扬扬，从仙界来到人间，变成一条条银鱼，慰藉辘辘俗肠。

体长约二寸的银鱼，素喜聚群。春天，仔鱼孵出，在产卵场生活一个时期后，由南向北，顺水流而下，向整个大湖分散，索饵并长大。秋天，是银鱼长得最好的时节，用当地渔民的话来说就是已经"圆身"，此时捕获，晒制成干，品质最优。由于银鱼出水即死，每捕捞完，渔民都会迅速清除网中杂物，并将鱼直接撒在网架上晾晒。若遇大好阳光，则可得雪白如银的好颜色；若是阴天或阳光不够强烈，鱼干就会发黄。11月过后，鄱阳湖水枯，水位较低，银鱼进入深水区越冬，翌年春天待湖水上涨，再集中到产卵场繁殖。可是，造化没有赋予银鱼产卵之具，产卵之时，须觅砂石磨割剖腹，卵产出后，即殁，俗称"破娘生"。善良的渔民感念于此，便编了一个传说，为只有一年寿命的银鱼"立言"：龙王身边有一对童男童女，一天，龙王派他们到人间查看世情。他们感情渐深结为夫妻，不愿再回龙宫。龙王龙颜大怒，于是将他们变成全身透明的小鱼，并下令不许有孕在身的童女生产。童女游向碎石，破腹产子而死……

我在延绵数里的银鱼晒场久站，始终未闻如其他鱼死后的那种腥臭，隐约尽是青草之香。这是渔民生活的道场啊。铺天盖地的银鱼洁白之躯上，有无数细细的乌黑小点点缀其上。一点一点，全是银鱼的黑眼睛。那些黑眼睛，那么小，那么沉静，仿佛消弥天地一万种喧嚣的法器。

我不禁想起"假园"中的两幅画来。假园不是一座园，是今日美术馆曾经布展过的一个主题。展厅中央，摆放一组由细钢丝与活性炭编结而成的作品。过道上是几株盆栽，棵棵绿树长在件件骷髅上，诠释着生与死的哲学。夹墙两边，悬挂取名为《时间》的两幅画：白帆布上以同心涟漪形式排列着大小相同的小黑点，远看像两个巨大的靶。艺术家在他标志的那段时间里，心无旁骛地，绕着靶心密集打点。点点接力，割裂看，是无聊，是平庸，是琐碎，是一秒复一秒，一日复一日，毫无波澜起伏，也不见壮阔。但是，假以时日，持续努力过后，呈现的却是星云般永恒美丽的存在。

黑眼睛，密集在一起，是银鱼满仓。而满仓，不正是鱼米之乡幸福生活的写照么？浩渺鄱阳湖，没有出声，仿佛也是一座法器。

图书在版编目（CIP）数据

大地上的生灵 / 罗张琴著. -- 武汉 ：长江文艺出
版社，2023.6
　ISBN 978-7-5702-3136-2

　Ⅰ. ①大… Ⅱ. ①罗… Ⅲ. ①自然科学－儿童读物
Ⅳ. ①N49

中国国家版本馆 CIP 数据核字(2023)第 091020 号

大地上的生灵

DADI SHANG DE SHENGLING

责任编辑：毛劲羽　　　　　　　　责任校对：毛季慧
整体设计：一壹图书　　　　　　　责任印制：邱　莉　胡丽平

出版：长江出版传媒　　长江文艺出版社
地址：武汉市雄楚大街 268 号　　　邮编：430070
发行：长江文艺出版社
http://www.cjlap.com
印刷：湖北恒泰印务有限公司

开本：700 毫米×980 毫米　　　1/16　　印张：10.75
版次：2023 年 6 月第 1 版　　　2023 年 6 月第 1 次印刷
字数：129 千字

定价：35.00 元